国家自然科学基金项目（51604091）、河南省科技攻关计划项目（182102310723、182102310743）、河南省高等学校重点科研项目（17A440002、18A440010）、河南省高等学校青年骨干教师项目（2017GGJS153）、安全生产重特大事故防治关键技术科技项目（henan-0027-2018AQ）资助

采场底板突水预测预报及防治应用研究

徐 星 著

黄 河 水 利 出 版 社
·郑 州·

内 容 提 要

本书将采场底板突水预测方法及水量估计方法进行合理归纳，力求选择准确、方便、可行的预测预报方法。将 D－S 证据理论应用到底板突水决策中，使突水判断更为准确。根据以上总结的预测预报方法开发“采场底板突水判测系统”。结合工程实例，按照水害防治技术要求，首先使用物探手段进行底板含水层探测，得出含水体异常区，其次使用该系统进行底板突水安全性评价；接着结合物探结果与安全性评价结果给出水害防治措施与建议；最后开展矿井突水水源判别研究，建立多种非线性突水水源判别模型，为水害防治提供理论依据与参考，并对其建立的模型的科学有效性进行验证。

本书可作为矿业工程类专业研究生、本科生以及科研人员研究和学习的参考书。

图书在版编目（CIP）数据

采场底板突水预测预报及防治应用研究/徐星著. —郑州：黄河水利出版社，2018.7

ISBN 978－7－5509－2077－4

Ⅰ.①采… Ⅱ.①徐… Ⅲ.①矿山突水－预测－研究 ②矿山突水－防治－研究 Ⅳ.①TD74

中国版本图书馆 CIP 数据核字（2018）第 165831 号

组稿编辑：李洪良 电话：0371－66026352 E-mail：hongliang0013@163.com

出 版 社：黄河水利出版社 网址：www.yrcp.com

地址：河南省郑州市顺河路黄委会综合楼 14 层 邮政编码：450003

发行单位：黄河水利出版社

发行部电话：0371－66026940、66020550、66028024、66022620（传真）

E-mail：hhslcbs@126.com

承印单位：虎彩印艺股份有限公司

开本：787 mm×1 092 mm 1/16

印张：8

字数：200 千字 印数：1—1 000

版次：2018 年 7 月第 1 版 印次：2018 年 7 月第 1 次印刷

定价：35.00 元

前　言

我国的矿井突水事故多数是由煤层底板突水引起的。受承压水威胁的煤矿储量大，特别是华北型煤田，如何进行水害防治，确保安全回采这些煤炭资源是亟待解决的问题。底板突水预测预报目前还很难用一个确定的表达式来表示突水与众多因素的关系，但是，如果对突水预测方法进行合理的归纳，并请教专门从事这方面研究工作的专家，再运用合理的推理方法，能给出具有一定可信度的判断。预测预报是防治水害的有效途径，也是进行水害评价的重要环节。

本书主要开展了如下几方面的工作：

（1）分析煤层底板突水影响六大因素，找出预测和防治底板突水的主要切入点；概述煤层底板突水机制，分析底板突水类型划分方案，找出预测底板突水的理论依据和基本出发方向。

（2）将现有成熟的底板突水预测方法进行归纳分类，并分别给出了突水情况下的涌水量预测，充实水害防治依据。另外将 D－S 证据理论作为二级决策应用于底板突水预测中，使前面预测更为准确可信，在二者基础上开发了采场底板突水判测系统。

（3）将判测系统应用于工程实例，按照矿井水文地质条件探查、矿井水害评价、矿井水害治理三个步骤将其应用于刘庄煤矿 121101 工作面的水害防治，并给出该矿工作面水害防治措施与建议，以确保工作面安全回采。

（4）开展矿井突水水源判别研究，准确判别矿井突水来源，为矿井水害防治提供理论依据与参考，为此，拟建立了多种非线性突水水源判别模型，并对建立的模型的科学有效性进行验证。

由于作者知识水平有限，在本书的撰写中，肯定会有很多错误和不足，敬请各位专家、学者批评指正。

作　者

2018 年 5 月

目　录

1 绪 论

1.1 课题研究的目的和意义

煤炭一直是我国的主要能源之一，占一次性能源消耗量的75%，安全高效地进行煤炭开采是关系到国计民生和国民经济发展的大事。由于埋藏深度和煤层赋存条件的限制，开采煤炭资源以井工开采为主。我国许多煤田的水文地质条件十分复杂，在煤层开采过程中受到多种水体的威胁。对于受水体威胁的煤层而言，井工开采带来的最大安全问题就是矿井突水事故，而矿井突水事故多数是由煤层底板突水引起的。

煤矿水害事故具有预测性难、影响范围大、扩散速度快、经济损失大和人员伤亡多等显著特点，据相关资料统计，2000～2015年共发生煤矿水害事故1 162起，造成4 676人死亡，平均百万吨死亡率为0.106，平均水害事故起数占煤矿事故起数的3.3%。据原煤炭工业部统计资料，全国600余处重点煤矿中，具有底板突水危险性的有285处，占47.5%，受水威胁的储量达250亿t。华北型煤田水文地质条件复杂，灰岩含水层富水性强，底板岩溶水害严重，有近1/2储量的下部煤层难以开采利用，一些老矿区在不同程度上日益受不同形式水的威胁（见表1-1）；从近年的开采情况看，每年采出受水害威胁的煤炭不到总储量的10%。如果不能解放这些受水害威胁的煤炭储量，不仅影响煤矿的产量，而且一些老矿井还有被迫提前关井的危险。

表1-1 华北代表性煤矿区总储量与受水威胁储量

煤矿区	总储量（亿t）	受水威胁储量（亿t）	受水威胁储量/总储量（%）
峰峰			49
邯郸	70	41.86	59.8
邢台			75
焦作	5.65	4.95	87.6
韩城	12.7	7.83	61.7
澄合	3.26	2.2	67.5
肥城	4	2.5	62.5
霍州南下庄	1.37	0.81	59.1
合计	96.98	57.65	59.4

随着开采深度、开采强度、开采速度的增加以及开采规模的扩大，矿井突水问题日益严重。我国煤矿区主要受三类水害的威胁：第一类是巨厚强含水冲积层对其下伏煤层开

采的威胁;第二类是具有强含水层或地表水体补给的太原群岩溶灰岩含水层对其上下煤层的威胁;第三类是厚层灰岩岩溶强含水层对上覆煤层开采的威胁。防治前两类水害的煤层开采技术已有了一套比较完整及成熟的经验;而治理后一类水害,即底板强岩溶承压含水层对煤层开采的威胁,尚缺乏经验。但其影响范围极广,对煤层开采威胁最大,几乎所有大的煤矿突水及淹井事故都是由这类水害引起的。

煤层底板突水过程是一个复杂的、非平衡、非线性的演化过程,它受到许多因素的影响,其实质是煤层底板含水层高承压水沿采煤工作面底板隔水层岩体内部通道突破底板隔水层的阻隔,以突发、缓发或滞发的形式向上涌入工作面采空区的过程。底板突水是地下水与底板岩层相互作用的结果,底板隔水层在带压开采中起着阻隔灰岩承压水突出的作用。因此,底板岩层阻水能力是合理制订底板水防治方案,有效预防和治理突水灾害的基础。

煤层底板突水是煤矿水害的主要类型之一,给煤矿的安全生产带来严重威胁和经济损失。查清矿井水文地质条件、研究矿井突水机制,进行带压开采底板突水预测研究,采取有效手段,确保安全生产成为带压开采的关键。超前对煤层底板突水进行准确的预测预报研究,有利于矿井防灾设计和措施的制定,是对矿井突水机制及其防治研究的深入和完善,是对采矿理论的发展和补充,对研究承压水上安全开采具有十分重要的现实及理论意义。

1.2 国内外研究现状

几十年来,国内外许多学者对矿井底板突水进行了一些有益的探索,取得了大量的研究成果,对于矿井安全生产起到了积极的指导作用。下面仅就矿井底板突水机制和突水预测方法,以及高密度电阻率法,以时间为主线对国内外历史、现状及应用做评述。

1.2.1 国内研究现状

与国外相比,我国对突水问题的研究起步较晚,进行这一方面的研究工作也较晚。中华人民共和国成立后,随着煤炭工业的发展,我国煤层底板突水理论和实践研究出现了日新月异的发展。

20 世纪 60 年代,当时注意到匈牙利底板相对隔水层理论在实践中的应用,在焦作矿区水文地质大会战中,以煤炭科学研究总院(以下简称煤科总院)西安勘探分院为代表,提出了采用突水系数作为预测预报底板突水与否的标准。

20 世纪 70 ~ 80 年代,通过不断深入研究工作面矿山压力对底板破坏作用的影响,煤炭科学研究总院西安勘探分院水文所对突水系数的表达式进行了 2 次修改。

20 世纪 80 年代以后,随着各矿区开采水平的延伸,突水事故日趋严重,煤炭部门和煤炭科技工作者对突水机制日益重视。除煤矿第一线的工程技术人员不断总结、探索突水发生机制外,山东科技大学(原山东矿业学院)、煤炭科学研究总院北京开采所及西安分院、中国科学院地质所、中国矿业大学等单位深入现场,做了大量探测观测分析和实验研究工作,在此基础上,结合岩体力学理论归纳总结出具有我国特色的突水机制新理论,

主要包括:

(1)20 世纪 80 年代初,由山东科技大学荆自刚、李白英在实践中提出"下三带"理论,并由以李白英为代表的一批科研人员在实践中进行应用和发展。该理论认为,开采煤层底板也像采动覆岩一样存在着三带,即Ⅰ底板破坏带、Ⅱ完整岩层带、Ⅲ承压水导高带。

(2)20 世纪 90 年代初,由煤科总院北京开采所王作宇、刘鸿泉等人提出"零位破坏"与"原位张裂"理论。该理论认为,矿压、水压联合作用于工作面,对煤层的影响范围可分为三段:超前压力压缩段(Ⅰ段)、卸压膨胀段(Ⅱ段)和采后压力压缩—稳定段(Ⅲ段)。

(3)20 世纪 90 年代,煤科总院北京开采所刘天泉院士、张金才博士等从力学分析角度出发,提出"薄板模型"理论。该理论认为,底板岩体由采动导水裂隙带及底板隔水带组成。

(4)20 世纪 90 年代,由中国科学院地质所提出"强渗通道"说。该理论认为底板是否发生突水,关键在于是否具备突水通道。

(5)20 世纪 90 年代,煤科总院西安分院提出"岩水应力关系"说。该学说认为底板突水是岩(底板砂页岩)、水(底板承压水)、应力(采动应力和地应力)共同作用的结果。

(6)20 世纪 90 年代中期,中国矿业大学钱鸣高院士根据底板岩层的层状结构特征,提出"关键层"(Key Stratum,可简写为 KS)理论。该理论认为,煤层底板在采动破坏带之下、含水层之上,存在一层承载能力最高的岩层,称为"关键层"。

此外,还有很多利用新方法、新理论、新技术来探讨煤层底板突水的机制及预测预报研究。陈秦生(1990)利用模式识别方法预测煤矿底板突水;李庆广、王延福(1985)对华北类型的岩溶煤矿提出了底板突水量的预测方法。白晨光等(1997)、邵爱军等(2001)利用突变模型预测了矿坑突水。李富平、王延福采用神经网络方法对煤矿回采工作面突水预测方法探讨。张文泉(2004)、杨永国等(1998)利用模糊数学方法对煤层底板突水进行了预测。王延福等(1998 ~ 2000)利用动力学和非线性动力学模型对煤层底板突水进行了预测。管恩太等(2001)、孙苏南等(1996)利用 GIS 多元信息拟合方法研究了底板突水预测模型。张文泉(2004)研制了基于高木—关野模糊准则的底板突水预测预报系统;姜福兴等(2008)研制了采用全局寻优定位的高精度微震监测技术,对采动造成的突水危险性进行实时预测预报。山东科技大学施龙青教授针对"下三带"理论的不足,从现代损伤力学及断裂力学理论出发,建立了采场底板突水的"四带"理论。

众多学者从不同角度探讨了底板突水的预测方法,对于指导承压水上采煤起到了重要的指导作用。尤其是近年来研制成功的突水预测专家系统,已较成功地用于底板突水的预测预报。

1.2.2 国外研究现状

尽管岩溶地层的分布面积占世界大陆面积的 1/4,但由于地质条件及煤层赋存状态的差异性,世界上一些产煤大国(如美国、加拿大、澳大利亚、德国、英国等)一般都不存在煤矿开采过程中的底板突水问题,只有匈牙利、波兰、南斯拉夫、西班牙等,在煤矿开发中不同程度地受到底板岩溶水的影响。由于国外煤矿开采已有 100 多年的历史,因此对底板突水的研究也是率先进行的。

从20世纪40年代起,国外就开始注意底板突水理论的研究,并开始用力学的观点探讨突水成因。1944年,匈牙利学者韦格·弗伦斯第一次提出了相对隔水层的概念,认识到煤层底板突水不仅与隔水层厚度有关,而且与水压有关。苏联学者斯列沙辽夫以静力学理论为基础,对底板岩层进行了理论分析,研究了煤层底板在承压水作用下的破坏机制。他假设回采空间的底板岩层为两端固支、受均匀载荷作用的梁,并结合强度理论推导底板理论安全水压值的计算公式,从而提出了预测底板突水的理论公式。

20世纪60~70年代,仍以静力学理论为基础,但加强了地质因素,主要是隔水层岩性和强度方面的研究。匈牙利、南斯拉夫等国学者提出预测底板突水的"保护层的特殊厚度法",采用的是相对隔水层厚度(相当于突水系数的倒数),作为衡量突水与否的标准。以泥岩抗水压的能力为标准隔水层厚度,将其他不同岩性的岩石换算成泥岩厚度,称换算后的岩层厚度为等效厚度。相对隔水层厚度,即单位水压所允许的等效隔水层厚度。

20世纪70年代至80年代末,许多国家的岩石力学工作者在研究矿柱的稳定性时研究了底板的破坏机制。基于改进的Hoek-Brown岩体强度准则,并引入临界能量释放点的概念和取决于岩石性质及承受破坏应力前岩石已破裂的程度与岩体指标(Rock Mass Rating,可简写为RMR)相关的无量纲常量M和S,分析了底板的承载能力。对研究采动影响下的底板破坏机制有一定的参考价值。在20世纪80年代末,苏联矿山地质力学和测量科学研究院突破传统线性关系,指出导水裂隙和采厚呈平方根关系。实质上,对煤层底板突水问题的研究与岩体水力学问题的研究密不可分。岩体水力学是一门始于20世纪60年代末的新兴学科,自1968年Snow D. T通过试验发现平行裂隙中渗透系数的立方定律以后,人们对裂隙流的认识从多孔介质流中转变过来。1974年,Louisc根据钻孔抽水试验得到裂隙中水的渗透系数和法向地应力服从指数关系。以后,德国的Erichsenc又从裂隙岩体的剪切变形分析出发,建立了渗流和应力之间的耦合关系。1986年Oda M用裂隙几何张量统一表达了岩体渗流与变形之间的关系。1992年,Derek Elsworth将似双重介质岩石格架的位移转移到裂隙上,再根据裂隙渗流服从立方定理的关系,建立渗流场计算的固-液耦合模型,并开发了有限元计算程序。目前,在矿井水害研究方面,澳大利亚有些学者主要从事地下水运移数学模型的建立。

1.2.3　高密度电阻率法研究现状

电阻率法勘探约在19世纪末被提出,20世纪初提出了视电阻率的重要概念,并确定了温纳四极和中间梯度装置。随着现代科学技术的发展,特别是计算机的飞速进步,大大促进了电阻率法勘探的新技术、新方法、新仪器的发展,尤其是野外信息的数字化和资料的计算机处理,使得电阻率法应用范围进一步扩大,地质效果更为明显。在仪器方面,智能化、高效化是发展总趋势。中国吉林大学工程技术研究所、日本OYO公司和美国GSSI公司等相继开发出新一代多功能电测系统仪器,以及电阻率成像系统,使得野外数据采集、结果成图一次性完成。

我国电法勘探发展也相当迅速,尤其是在金属矿产勘探中得到有效的应用。此后全国各金属矿、石油、煤田等勘探工作中,广泛地发展了电法工作。虽然电法勘探在国民经济中发挥着重要作用,但常规电阻率法由于其观测方式的限制,不仅测点密度稀疏,而且也很难从电极排列的某种组合上去研究地电断面的结构和分布。因此,所提供的关于地电断面结构特征的地质信息较为贫乏,无法对其结果进行统计处理和对比解释。由此看来,在物探测试方法中,同地震勘探方法中大数据量、大规律的解析思路相比,电法勘探缺乏其应有的力度,常规的电阻率法已无法满足实际工作的需要。

1989年,在美国的一次专题讨论会上,有人指出:“在过去60年中,反射地震法的数据密度增加了一万倍以上。要改善电法结果的分辨率,应当把它的数据密度成千倍地增大。目前可能的是采用像地震工作那样的传感器阵列。”近年来,在这种思潮的引导下,高密度电阻率法勘探在实际工作中表现出巨大的潜力。

事实上,该方法主要是一种阵列式勘探方法思想。阵列电探思想早于20世纪70年代末有人开始考虑实施,英国学者所设计的电测深偏置系统实际上就是阵列电探的最初模式。20世纪80年代中期,日本地质计测株式会社曾借助电极转换实现了阵列电探的野外数据采集,由于整体设计不完善,这套设备没有充分发挥它的优越性。20世纪80年代后期,我国地质矿产部系统率先开展了高密度电法及其应用技术研究。从理论与实际结合的角度,进一步探讨并完善了方法理论及有关技术问题,研制成了3~5种仪器。其中,1991年长春地质学院的GC-1加HD-1型高密度电阻率采集系统,1992年地质矿产部机电研究所推出了由GC-2型多路转换器和MIR-1B型多功能电测仪组成的系统,1993年该所又推出了由MIS-2型多路转换器和MIR-1C型多功能电测仪配套的系统,1995年,北京地质仪器厂和中国地质大学(北京)合作推出了DUM-1型电极转换器和DDJ-1型多功能电测仪系统。

高密度电法是在常规电法基础上发展起来的,高密度电法仪实质上是一个多电极测量系统,所以,高密度电法仪形式是普通的电测仪+电极转换开关。早期,电极转换由人工进行,后来微型计算机(处理器)的发展,电极转换开关实现了自动化。高密度电法测量系统包括数据收录和资料处理两大部分。高密度电法仪器结构上的主要问题是:如何实现测量主机与众多电极之间的连接。为此,出现两种形式:传统式高密度电法仪和新型分布式智能化高密度电法仪。

(1)传统式高密度电法仪,一般有60根电极,通过60根导线(有的做法是用10芯或12芯的电缆,有的干脆用工程浅层地震仪的检波器电缆,这样势必会造成耐压低、电流小)与电极转换器连接。电极转换器有前述的两种,一种是步进电机驱动的机械触点式电极转换开关,由60路触点底盘、4路触点、电极排列选择开关、驱动隔离电路及步进电机等部件组成,由工程电测仪控制步进电机的转动,以实现不同的电极极距和不同的排列方式。另一种是继电器型电极转换开关,工程电测仪输出一定的控制数码,通过译码电路分别驱动不同的继电器的吸合、释放,达到不同电极、不同极距的切换。这两种转换开关的仪器有两点问题值得注意:机械式电机转换开关的问题主要是机械触点接触的可靠性问题;继电器式电极转换开关主要是连接电线问题(前者同样存在此问题)。

(2)新型分布式智能化高密度电法仪。此电法仪主要由笔记本式计算机(或工控机)、主机、主电缆和电极连接盒等组成。主机包括发送控制命令、接收信号等部分;主电缆由10芯电线组成,主要作用是信号传输;电极连接盒根据主机的命令进行极转换和数据采集、传输。由于是一根电缆覆盖所测量的剖面,并且使用微机进行控制,使得每一个电极都可能成为A、B、M、N极，中国地质大学（武汉）研制的分布式高密度电法仪最多可进行240道电极输入，原则上可方便地进行无限扩展（由于受导线电阻、工作电流、工作电压和干扰的限制，所以建议数量不要过分追求），整套仪器体积小、重量轻；再者，电极的连接是任意的，使用十分方便。

国外生产高密度电法仪的公司主要有日本的OYO公司、瑞典的AEBM公司、法国的IRSI公司、美国的AGI公司。这些仪器价位在6万~7万美元(60个电极配置)。国外仪器大多数是将电测仪与电极转换开关分开的。2002年12月，美国的AGI公司出品一款新仪器，将电测量主机与开关单元结合在一起。但未见国外仪器中使用PC机或类似PC机作为仪器主控制器，实现现场测量曲线的报道。

近年来，高密度电阻率法被广泛用于洞体探测，它可采用二极、三极、偶极、单极—偶极、偶极—偶极等，采用重叠单极—偶极观测系统的高分辨电阻率法是由美国的地球物理工作者提出的，起初用于探测军事方面的洞体，后应用于探测废矿巷道、岩溶等地下洞穴。美国西南研究所研制出快速高分辨电阻率资料采集系统，用来采集重叠单极—偶极高分辨电阻率资料。我国吉林大学工程技术研究所也最先研制开发出了多道分布式高密度电法采集系统，并在实际工程中有了广泛的应用。

高密度电阻率法数据采集方式是分布式的，进行野外测量时只需将全部电极设置在一定间隔的测点上，测点密度远较常规电阻率法大，一般为1~10 m。然后用多芯电缆将其连接到程控式多路电极转换开关上。电极转换开关是一种由单片机控制的电极自动转换装置，它可以根据需要自动进行电极装置形式、极距及测点的转换。测量信号用电极转换开关送入电法仪主机，并将测量结果依次存入存储器。将测量结果导入电脑后，可对数据进行各种处理，给出地电断面分布的各种图示。高密度电阻率法的提出和付诸实施，使电法勘探也可以和地震勘探一样采用覆盖方式更快、更准确的采集信息，更高精度地进行多维反演，使电法解释资料更加直观、明了，可以说，这一新技术的出现是电法勘探的一大进步。

1.2.4 高密度电阻率法主要特点

高密度电阻率法原理上属电阻率法的范畴，但与常规的电阻率法相比，设置了较高的测点密度，在测量方法上采取了一些有效的设计，使得数据采集系统有较高的精度和较强的抗干扰能力，并可获得较为丰富的地电信息。高密度电阻率法既提供地下地质体某一深度沿水平方向岩性的变化情况，也能反映沿铅垂方向岩性变化情况，一次可完成纵、横二维的探测过程，所以观测精度高，采集的数据可靠。

传统的电阻率法勘探时电极数量少，电极的位置需要随时更换，数据密度低、劳动强度大、工作效率低。高密度电阻率法相对于常规电阻率法而言，具有以下特点：

(1)由于电极的布设是一次完成的，测量过程中无须跑极，因此可防止因电极移动而引起的故障和干扰；

(2)在一条观测剖面上，通过电极变换或数据转换，可获得多种装置的ρ_s（视电阻率）断面等值线图；

(3)可进行资料的现场实时处理与成图解释；

(4)成本低、效率高、信息丰富、解释方便,勘探能力显著提高;

(5)采集信号信噪比高,高密度电阻率法采用专用电缆,它分为屏蔽供电线和信号线,彻底克服了线间干扰对测量数据的影响,提高了信噪比。

虽然高密度电阻率法有许多优点,但在实际工程应用中也发现了一些问题:

(1)在实际的工程探测中,根据不同的目的选择何种装置形式;如何根据探测要求确定探测范围的大小;选择何种方法对数据进行反演;反演过程中如何选择反演次数。

(2)由于自然界中的地质体都是三维形式的,理论上使用三维模型才能更准确地解释其结构。现在三维高密度电阻率法是一个积极研究的方向,但是由于仪器设备和处理软件都不能满足要求,三维高密度电阻率法还没有达到二维高密度电阻率法的应用水平。现在,两个主要的技术问题得到初步解决:一是仪器可以同时进行多个读数,这对于节省勘探时间是很重要的;二是计算机运算速度的提高,使得大数据量的反演可以在短时间内完成,三维高密度电阻率法勘探更加实用化。不过在三维情况下,高密度电阻率法对目标体与背景的电阻率差异的分辨率和对目标体空间尺寸的分辨率如何变化尚不清楚。

1.2.5 高密度电阻率法的应用情况

1.2.5.1 国内应用

国内自引进高密度电阻率法以来,有不少单位投入了该方法的理论、方法技术和仪器准备的研制。最早的做法是:电极 + 连接导线或多芯电缆 + 机械式电极转换开关(由步进电机控制) + 工程电测仪。1994 年《地学仪器》报道了原地质矿产部机电研究所研制的 MRI 高密度电法仪,其结构将机械式电极转换开关改进成由单片机控制的电子开关。现在有的仪器厂生产的高密度电法仪就是引用的该技术。1997 年 12 月,《地学仪器》发表了中国地质大学(武汉)在国内首创的分布式智能化高密度电法测量系统的文章。可见,国内高密度电法仪电极转换开关方面分 3 类:机械式电极转换开关、电子式电极转换开关及分布式智能化电极转换开关。在主机方面,多数仪器使用的是单片机(微处理器),而使用 PC 机(或工控机)作为主控制器,并在屏幕上进行现场曲线显示的只有中国地质大学(武汉)和原长春地质学院骄鹏公司等研制的少数仪器。

由于高密度电阻率法与常规电阻率法相比有以上一些优点,因此自 20 世纪 80 年代初由日本引进该法后,经国内原长春地质学院等单位对方法、仪器的改进、研制开发与生产,很快在水利、工程、环境等领域中得到了推广应用并取得良好效果。据不完全统计,主要有:张献民(1994)应用高密度电阻率法探测煤田陷落柱,表明该法可有效地探测煤田陷落柱;刘康和等(1994)采用高密度电阻率法等查明地表下一定深度的断层;侯烈忠等(1997)通过对某机场主跑道高密度电阻率法实测资料的处理和分析,简述了所探测的异常体在多种图件上的反映特征及高密度电阻率法在地基勘探中的效果;程久龙等(1999)应用高密度电阻率成像法探测回采工作面水害,探讨了高密度电阻率成像法探测回采工作面水害的可行性,并结合具体应用实例证明,高密度电阻率成像法探测回采工作面水害技术可行,准确率高,效果明显;董浩斌和王传雷(2003)将高密度电阻率法应用于长江堤坝坝体电性随长江水位变化研究中,提出使用高密度电阻率法来监测堤坝隐患的发展;李明山等(2000)结合姚桥煤矿矿井找水的实例,阐述了高密度电阻率法在矿井找水中的工作要点和应用效果；王士鹏在水文地质和工程地质中应用高密度电法，在寻找地下水、查明采空区、探测岩溶发育带和划分地层诸方面得到了应用；王玉清（2001）在高层建筑选址工作中应用高密度电阻率法，对区内浅层溶洞的平面分布情况和空间展布形态，从环境地球物理角度对工程选址及地基处理提出了合理的建议；王文州（2001）将高密度电阻率法用在高速公路高架桥岩溶地区地质勘探中。刘晓东（2001）在管线探测、物探找水、岩溶及地质灾害调查等工程物探中使用了高密度电阻率法；郭铁柱（2001）使用高密度电阻率法在某水库坝基渗漏勘查中收到了良好的效果；刘晓东（2001）将高密度电阻率法用在岩溶灾害调查中，用于划分可溶岩区、勘查基岩断裂构造、了解基岩岩溶发育情况等方面；余京洋等利用高密度电阻率法监测地下介质污染；宋洪柱等使用高密度电阻率法探测古墓，认为高密度电阻率在古墓探测中是一种简单、易行、高效的方法；周俊龙等用高密度电阻率法在红卫水库检测土石坝隐患，发现采用高密度电阻率法检测土石坝缺陷是一种成本低、效率高、确实可行的好方法；汪新凯等用高密度电阻率法探测土堤（坝）渗漏，探测渗漏在土堤（坝）中的赋存形态，结合资料分析和现场情况调查，确定渗漏部位的方法，为土堤坝的安全鉴定和除险加固提供参考；原文涛等用高密度电阻率法探测煤层采空区，以寿阳煤层采空区探测为例，说明高密度电阻率法是寻找煤层采空区的一种行之有效的手段；施龙青等（2008）应用三维高密度电法技术探测岩层富水性，通过改造测线的布置方法，改进仪器设备，开发数据采集与处理软件，提出了三维高密度电阻率法探测技术，将工作面底板富水状态直观地表现出来，并结合实例应用说明该技术的实用性和有效性。

归纳起来看，主要应用领域和解决的问题有：

（1）水利水电工程：①堤坝探测；②水坝黏土芯墙渗漏检测；③堤坝灌注质量检测；④堤坝结构体探测；⑤水库堤防渗漏检测；⑥水库堤防裂缝检测；⑦堤防隐患探测；⑧堤防垂直防渗墙质量检测。

（2）环境工程地质：①滑坡调查；②边坡软弱夹层调查；③冻土调查；④岩溶探测。

（3）工程地质勘查：①基岩面调查；②隧道渗漏探测；③滑坡面调查；④断层探测。

（4）城市工程勘查：①城市管线探测；②人防工程探测；③城市地下埋藏物探测；④路面塌陷调查。

（5）工程质量检测：①隧道灌浆质量检测；②堤防灌浆质量检测；③煤田采空区。

1.2.5.2　国外应用

从 AGI 公司公布的资料情况看，高密度电阻率法在国外被广泛应用。如使用拖曳式电极对湖底、浅海海底电阻率分布进行研究，进行堤坝隐患探测、地下水探测、隧道开挖方案确定（尽可能寻找软土层位）、污染物侵蚀分布情况探测、岩溶探测等。

1.3　主要研究内容及技术路线

1.3.1　主要研究内容

预测、预报是防灾减灾中首要和关键的问题，采场底板突水预测预报方法的研究一直是承压水上采煤的重大课题，本书主要研究内容如下：

(1)将底板突水预测方法及水量估计方法进行合理归纳,力求选择准确、方便、可行的预测方法。

(2)将 D-S 证据理论应用到底板突水决策中,目的是使突水判断更为准确。

(3)根据总结的预测与决策底板突水的方法,开发采场底板突水判测系统。

(4)结合工程实例,按照水害防治技术要求,首先,使用物探手段进行底板含水层探测,得出含水体异常区;其次,使用采场底板突水判测系统进行底板突水安全性评价;最后,结合物探与安全性评价结果,给出水害防治措施与建议。

1.3.2 研究的技术路线

1.3.2.1 理论分析

首先,对承压水上煤层底板突水影响因素进行分析;其次,基于主要影响因素,对底板突水机制进行分析,确定突水预测的基本出发点:完整底板突水机制和断裂构造底板突水机制;再者,基于两类突水机制,将底板突水类型划分为回采底板破坏型突水预测和回采影响型突水预测;最后,有针对地给出两类突水类型是否突水各自预测方法及其突水时的涌水量预测方法。

将人工智能中的 Dempster-Shafer(简称 D-S)证据理论引用到底板突水决策中进行研究,并建立突水识别框架,确定突水证据体融合模型,最终确定采场底板突水预测和 D-S证据理论决策的二级判测系统模型与框架。

1.3.2.2 系统开发

以软件工程学作为软件开发的依据和指导,以短时间、高质量、低成本为开发软件目标。按照系统开发程序进行系统分析、系统设计,画出采场底板突水判测系统框架和流程图,使用 Visual Basic 可视化软件编写系统,最后将其打包和发布。

1.3.2.3 工程应用

在水文地质条件探查方面,首先,使用高密度电阻率法对刘庄矿 121101 工作面底板进行探测,找出可能突水的异常区(富水区);其次,在水害评价方面,结合工作面的地质和水文地质条件进行采场底板突水判测系统的底板突水判测,给出是否突水及水量大小预测结果;最后,基于物探结果和系统判测结果,给出该工作面实现安全开采的防治水方案。

1.3.2.4 突水水源判别研究

目前,突水水源判别方法种类繁多,每种方法既有其优越性,也有其局限性,如何选择合适的水源判别方法是需要不断研究的课题;开展矿井突水水源判别研究,准确判别矿井突水来源,为矿井水害防治提供理论依据与参考,为此,拟建立多种非线性突水水源判别模型,并对建立的模型的科学有效性进行验证。

2 采场底板突水预测预报

2.1 煤层底板突水影响因素分析

煤层底板突水是一种复杂的地质及采动影响现象。其突水实质是煤层下伏承压水沿采煤工作面底板隔水层岩体内部通道突破底板隔水层的阻隔,以突发、缓发或滞发的形式向上涌入工作面采空区的过程。下面就突水影响因素做归纳分析。

2.1.1 底板含水层的水压力

位于煤层底板下部的承压含水层,其压力的大小决定着底板是否会发生突水,而其富水性则决定着突水后水害的规模及对矿井的威胁程度。在煤层底板突水过程中,水压力主要表现在以下几个方面:①承压水在水压力作用下不断侵蚀、冲刷底板隔水层,渗透至上覆隔水层的构造裂隙中,降低隔水层的完整性,减弱岩体的抵抗强度,并扩大隔水层内部的裂隙,最终形成突水通道;②当底板岩层存在导水断层时,承压水会沿断层直接进入工作面采空区;③当含水层的上部岩层为透水层时,则承压水会渗透至该岩层内,形成承压水导升裂隙带,造成底板有效隔水层厚度的减小;④当含水层上部岩层为隔水层时,则承压水将作为一种静水压力作用于上覆岩层。当水压力较高或水流速较大时,承压水挤入上覆岩层中,并形成导水裂隙。

2.1.2 底板岩性及其组合特征

底板岩体强度是抑制底板突水的主要因素之一,实践及理论证明,在矿山压力、水压力、隔水层厚度一定的条件下,底板岩体强度越高,突水概率越小。但是在评价底板岩体时,不仅要考虑其强度的高低,而且要考虑其岩性、组合及隔水能力。此外,底板岩层层序排列及岩性组合对底板顺层裂隙的发育也有很大影响。

2.1.2.1 有效隔水层厚度

有效隔水层厚度是底板隔水层厚度减去底板破坏深度和承压水导升带高度。底板隔水层在带压开采中起着阻隔承压水的突出作用。因此,其阻抗水的能力(抗水压大小)是影响煤层底板突水与否的一个重要因素。煤层底板隔水层的厚度越大,其阻抗水的能力越强,这是不容置疑的。其原因除了单位厚度阻水能力叠加,厚度越大,越不利于地质构造的切穿破坏、矿山压力的垂向传递和承压水贯穿。

2.1.2.2 隔水层完整性

煤层底板隔水层的完整性也是影响底板突水的一个因素,底板隔水层越完整,底板阻抗水的能力就越强。

2.1.2.3 隔水层强度

突水机制的力学分析表明，底板隔水层中岩层能否在采动过程中被破坏，岩层中原裂隙能否扩展贯通，产生突水通道导致突水，均取决于岩层强度（包括岩层中原断裂结构面强度），底板隔水层中岩层强度越大，阻止突水通道产生的能力越强。

2.1.2.4 隔水层岩性组合

隔水层越厚越安全，但需要注意的是，在隔水层厚度相同的情况下，不同隔水层岩性组合抵抗水压的能力是不同的。在构造及水文条件、工作面几何尺寸、顶板管理方式等都相似的情况下，有些工作面突水，有些工作面就不突水，甚至突水系数小的工作面反而比突水系数大的工作面突水量还要大。这说明隔水层岩性组合对突水起相当的制约作用。

坚硬性脆的岩层，在矿山压力的作用下易产生裂隙，但不容易被水冲刷扩大。较软岩层，受力后易发生塑性变形，不易形成裂隙；就是形成裂隙，因破裂结构面碎屑物较多，裂隙的透水性也较差，但裂隙易被高压水流冲刷扩大。如果隔水层由软、硬相间的岩层组成，则能相互弥补各自的缺陷，提高岩层抗水压能力。若裂隙较发育的硬岩层在底部，易于将承压水导上来，造成突水，但突水量受其裂隙的限制。若裂隙较发育的坚硬岩层在顶部，矿山压力对底板的破坏深度必将加大，对防突水也不利。对防突水最有利的岩性组合是：顶、底都为相对较软的岩层，中间为软硬相间的岩层。

另外，底板岩层的层序排列及岩性组合对底板顺层裂隙的发育也有很大的影响。下面根据弹性力学理论将该问题分以下两种情况讨论：

（1）当煤层底板隔水层的各层岩性基本相同且厚度不等时，底板弯曲挠度与其厚度的立方成反比，所以岩层的厚度越大，挠度越小；反之，挠度越大。根据底板岩层的不同组合分三种形式：

①自上而下，底板岩层厚度逐渐增加，则各层的挠度越来越小，所以各层的弯曲相互独立，每层间均形成离层裂隙，如图2-1所示，这种情况对承压水体上开采最为不利。

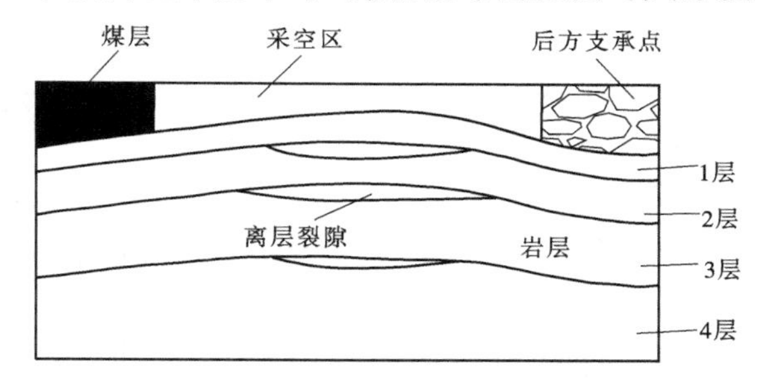

图2-1 底板岩层厚度自上而下逐渐增厚

②某一层或几层岩层厚度很小，岩层的离层裂隙将终止于较厚的岩层，其隔水能力相当于一层岩层，如图2-2所示，由于第3层岩层较厚，其弯曲挠度小于第2层的挠度，故产生了离层裂隙。

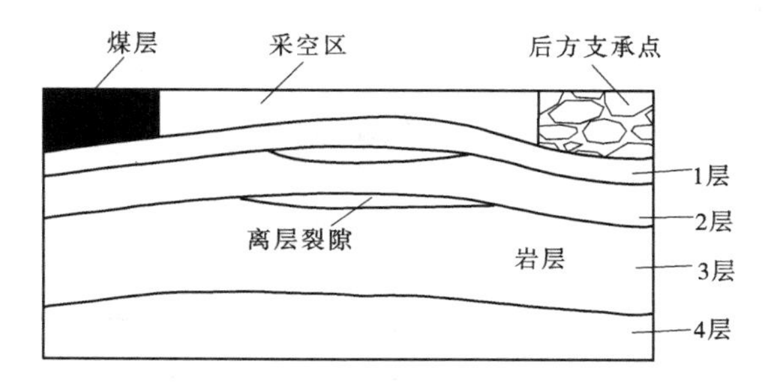

图2-2 底板岩层第3层最厚

③自上而下，直接底板岩层逐渐变薄，则下部任一岩层产生的弯曲挠度均大于上一层，因此几层岩层像一层完整岩层一样，由于同步弯曲而不产生离层裂隙，如图2-3所示，这种层序最利于承压水体上开采。

(2)当底板隔水层各层厚度基本相同,并且层间黏结力很小,可以忽略不计。由弹性力学理论可知,在其他条件相同时,板的挠度与弹性模量成反比,即岩层越坚硬,强度越大,其弯曲挠度越小;反之,其弯曲挠度越大。根据软硬程度不同的底板岩层组合,分为下列三种形式:

①自上而下,底板岩层由软变硬,则弯曲挠度逐渐减小,故各层的弯曲相互独立,每层之间均形成离层裂隙,如图2-4所示,这种岩性组合对承压水体上开采最为不利。

②自上而下,底板岩层由硬变软,则上部较硬岩层挠度小,下部岩层弯曲将终止于上部岩层,整个岩层作用结果相当于一层岩层,层间不产生离层裂隙,如图2-5所示,这种岩性组合对承压水体上开采最有利。

③当底板岩层为软硬交替时,根据不同的岩层组合方式将产生不同的离层裂隙,如图2-6所示为三种不同岩性组合而产生的离层裂隙。

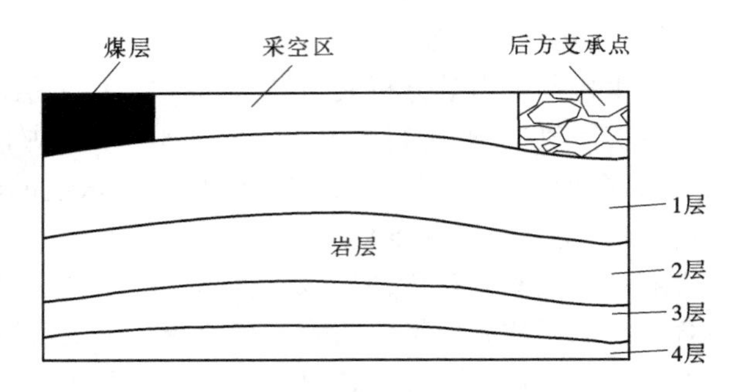

图2-3　底板岩层厚度自上而下逐渐变薄

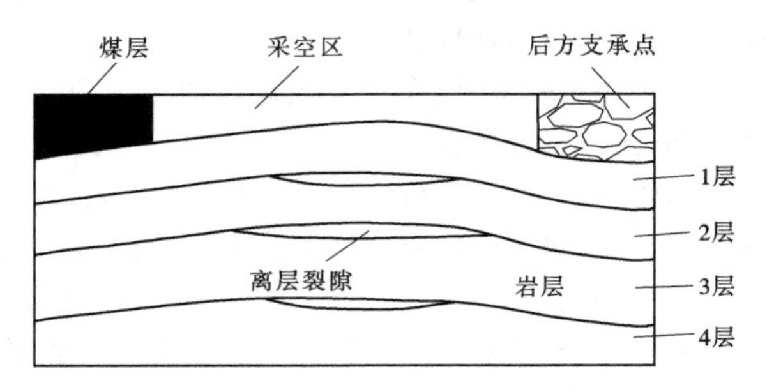

图2-4　底板自上而下硬度逐渐增大

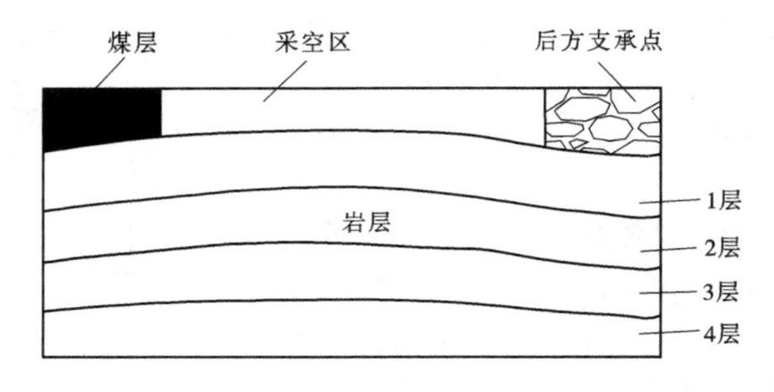

图2-5　底板自上而下硬度逐渐减小

2.1.3　地质构造

地质构造尤其是断层,是造成煤层底板突水的主要原因之一。断裂构造带成为底板突水的主要影响因素,是因为:①断

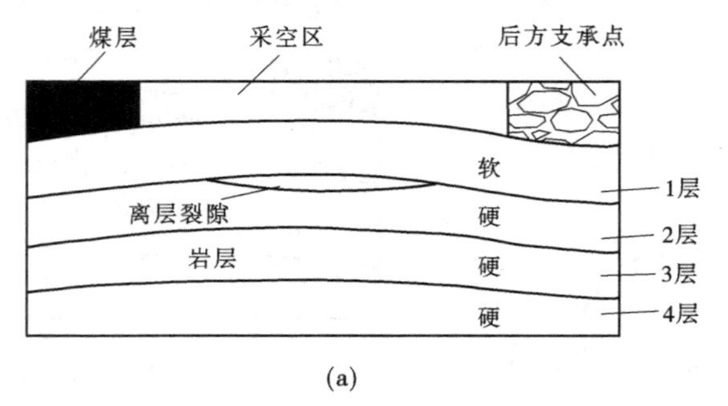

(a)

图2-6　底板岩层软硬交替的三种情况

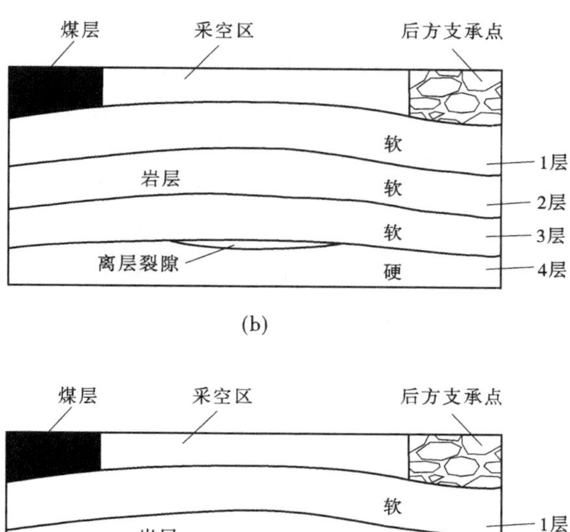

(b)

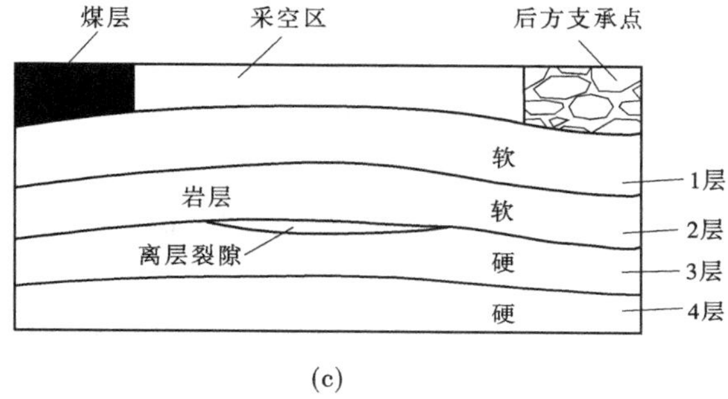

(c)

续图 2-6

裂带的存在改变了地应力场的大小与方向;②断裂带的存在,提供了突水途径;③地应力释放,使隔水岩层阻水能力下降。

2.1.3.1 **断层**

地质构造尤其是断层,是造成煤层底板突水的主要原因之一。构造结构面是承压水从煤层底板突出的薄弱面,它导致工作面内不连续面的存在,破坏了岩体本身的完整性,所以易形成导水通道。特别是当这些结构面与工作面边缘煤柱内的剪切破坏带相连接或相重叠时,它对煤层底板突水起着控制作用。

断层成为底板突水的影响因素,有以下几个方面的原因:

(1)当回采工作面底板岩体中存在断层时,底板的采动破坏深度增大。据现场底板岩体注水试验结果可知,断层破碎带岩体的导水裂隙带深度是正常岩体的2倍左右。

(2)断层的存在破坏了底板岩层的完整性,降低了岩体的强度。试验结果表明,断层带内岩石的单轴抗压强度仅为正常岩石的1/7。

(3)断层上下两盘错动,缩短了煤层与底板含水层之间的距离,或造成断层一盘的煤层与另一盘的含水层直接接触,使工作面更易发生突水。

(4)如果断层破碎带或断层影响带为充水或导水构造,当工作面揭露到断层时,即会发生突水。断层的导水与否主要与断层的力学性质有关。一般正断层是在低围压条件下形成的,因此其断裂面的张裂程度很大,并且破碎带疏松、多孔隙、透水性强。而逆断层多是在高围压条件下形成的,破碎带宽度小且致密、孔隙小。所以,在其他条件相同的情况下,正断层更容易造成工作面突水。并非工作面遇到断层都发生突水,是否发生突水,不仅取决于断层的富水性及导水性，而且取决于断层与工作面的位置关系。实践证明，当支撑压力造成的采动裂隙与工作面中断层的走向重合或平行时，最容易发生底板突水。当断层的走向平行于工作面时，底板发生突水与否，取决于断层的倾向与工作面的推进关系。当工作面的推进方向与断层倾向相反时，煤层底板在矿压的作用下，易使断层面拉开，造成断层重新活动而突水；当工作面的推进方向与断层倾向相同时，煤层底板在矿压的作用下，使断层两盘紧密地压在一起，从而使断层不易重新活动。因此，当工作面中断层存在时，在回采设计上应使断层与工作面斜交；当工作面平行于断层时，应使工作面的推进方向与断层的倾向一致，这样可以减少突水事故的发生。

2.1.3.2 断裂

断裂引起的底板突水次数与断裂发育的密度关系密切，尤其在断裂密集的矿区表现得更为突出。断裂发育密度大的矿井，突水的次数就多。断裂的力学性质与几何形态对突水点的形成和突水规模有直接的影响。断裂面或断裂带的张开或闭合、充填程度及两盘的对接关系，在分析底板突水中都应给予充分重视。张性和张扭性断裂的导水性强，容易形成巨型或大型突水。在大多数情况下，张裂断裂的上盘，张裂隙发育，溶洞较多，含水性强，沿断裂带有多处泉点出露，而下盘稍差；故采动揭露张性断裂时要十分小心。压性和压扭性断裂的断裂带沿走向与倾向方向都有波状起伏，在弯曲强烈的部位，岩层破坏严重，岩层内溶洞发育层序混乱。由于上下盘派生裂隙密集程度不同，岩层接触各异，各段岩溶发育和含水性差异较大。一般来说，压性、压扭性断裂的内带与中带的富水性弱，内带具有隔水作用，中带局部充水，水量有限，外带裂隙节理发育，有利于岩溶作用。压性断裂的下盘，裂隙也较发育。在矿井突水实例中，压性断裂虽造成突水，但突水量较小。主干断裂与分支断裂的交接处，为应力集中部位，岩溶也随之发育，成为突水点密集区，易引起底板突水。

生产实践表明，断裂的含水性是极其复杂的，同一力学性质的断裂在不同地段的导水性有很大差异，如张性断裂和压性断裂有的地段阻水性能很好。故应对每一条断裂逐段做调查分析，做到心中有数、措施明确。

2.1.3.3 裂隙发育程度

底板岩层中裂隙的存在，破坏了底板岩层的完整性，使底板隔水性能大大降低，承压水会不断侵蚀底板岩层，造成承压水的突入。底板岩体在采动影响下，岩层中原生裂隙和采动裂隙发生扩展，降低了底板岩层的阻水性能。多个裂隙在采动影响下，相互作用，使得裂纹间的岩桥缩短，贯通率增大，在一定条件下，容易相互连通，形成突水通道。当裂纹内存在水压时，水压一方面可软化裂隙周围岩体，使其强度降低；另一方面，水压的存在使得裂隙内的有效应力增加，引起裂纹周围岩体的塑性区进一步增大，裂隙的相互贯通的可能性进一步增强。

2.1.4 矿山压力

根据大量矿井突水资料分析，多数回采工作面底板突水都与矿山压力活动有关。矿山压力主要以两种方式对煤层底板突水起着触发及诱导作用：①引起构造“活化”，形成导水通道，导致底板承压水进入开采工作面；②由于底板隔水层各层厚度及岩性组合不同,在采动矿压及水压的耦合作用下(主要是采动矿压作用),导致底板岩层各层的挠度不同,这样在层与层之间会产生一定的顺层裂隙及垂直于层面的张裂隙。所以,在这一阶段,底板岩层形成的采动裂隙最多,对底板隔水层的破坏程度最大,降低了隔水层的阻水能力,导致承压水突入工作面。

2.1.5 底板含水层岩溶裂隙及富水性

岩溶是可溶性岩石(碳酸盐)与水相互作用形成的,因此碳酸盐的溶解量、溶解速度及溶蚀特征,很大程度上控制着碳酸盐岩的岩溶形态及岩溶发育规律,而岩溶发育规律则决定着碳酸盐的富水性。石灰岩岩溶水水压大小决定着煤层底板是否会发生突水,而岩溶含水层的富水程度则决定着突水后水害的程度及对矿井威胁的大小。实践证明,煤层底板承压水突入工作面的机会与岩溶发育程度及富水性有着密切的关系。当岩溶富水性及发育程度较好时,突水概率就大且突水量较大。华北型煤田奥陶纪石灰岩(简称奥灰岩)具有以下特征:①奥灰岩岩性纯、厚度大、分布广;②奥灰水渗透性好、导水性强;③奥灰岩的富水性具有各向异性;④从补给区到排泄区,奥灰岩的富水性由弱变强。

2.1.6 工作面开采空间及开采方法

在采煤方法一定的条件下,开采空间决定着底板的突水与否。开采空间大小主要由工作面倾斜长度及采厚来衡量。开采空间越大,工作面周围的支承压力越大,从而底板的变形及破坏程度越严重,突水的可能性就越大。在实际生产中发现,当水压、隔水层厚度、岩性组合及构造条件基本一致时,工作面倾斜长度越大,越容易发生突水。同样,采厚越大,工作面支承压力越大,越易突水。通过理论计算获得的工作面斜长(简称斜长)与底板抗水压力的关系曲线,进一步说明了斜长越短,其抗水压能力越强,如图 2-7 所示。根据国内的开采现状,在采煤方法上可采用分层开采法、短壁工作面开采法、条带开采法或充填采空区开采法,这些都是可以抑制或减少底板突水事故的有效开采方法。

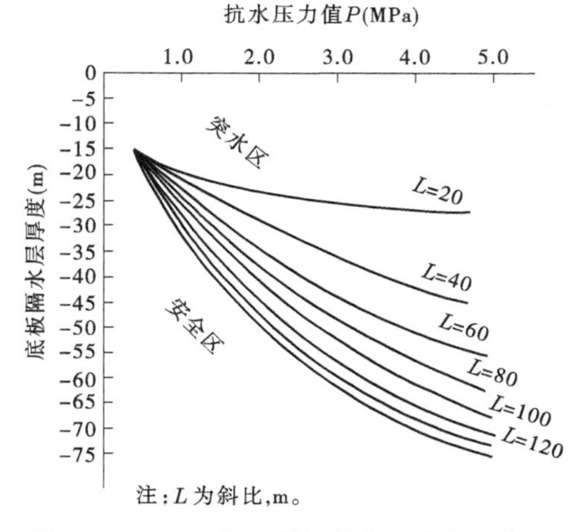

图 2-7 不同工作面斜长抗水压能力示意

2.2 煤层底板突水机制概述

煤层底板突水机制的研究,就是研究底板突水现象形成过程的本质,是研究底板突水的最基本出发点。

2.2.1　完整底板突水机制

完整底板是指底板岩体为均匀完整介质，这是解析计算设定的理想介质条件，实际情况下很难存在这种底板岩体，少数薄隔水层情况下可存在单一岩层，类似各向同性均匀介质完整底板或者数层岩层组合，类似横观各向同性均匀介质完整底板的条件。完整底板在采动影响之前，处于原始应力平衡状态，不产生移动和变形。但当位于其上的煤层被采出后，这种应力平衡状态就遭到了破坏。采动扰动后应力状态变化，在隔水层上部原有裂隙发生贯通性破坏，同时产生新裂隙，形成矿压破坏带。隔水层下部岩体受矿压扰动影响，裂隙发生扩展，承压水随之渗入，由于承压水的劈裂作用和侵蚀作用，使裂隙更易于发生扩展。

从流体力学理论的角度讲，底板突水绝大部分是一种缝隙水流，从突水所需的通道与水压差两个基本要素来看，完整底板突水是由于采掘活动使采场底板应力状态发生了变化，产生了新的变形和位移，导致了底板的破坏，而产生的裂隙与承压水沟通后，形成突水事故。若承压水没有沿岩层底面形成向上顶托的均布面力，则突水所需的通道是单一岩层被剪切破坏、产生裂隙相互沟通而导水；若承压水沿岩层底面形成向上顶托的均布面力，则突水所需的通道是由于此时底板类似于受向上顶托的均布面力作用下的梁(板)结构，底板受弯矩作用在中部产生拉应力，导致受拉破坏，产生裂隙相互沟通而导水，同时产生较为常见的底板突水伴生现象——底鼓。而当临界或亚临界突水时，采动破坏在底板岩层底部产生的微裂隙不断向下扩展而与承压水导通，承压水渗流出来，从而工作面底板出现发潮、“冒汗”等突水的前兆现象，若继续发展，则形成突水。

2.2.1.1　底板突水的“下三带”理论

山东科技大学李白英教授等科研人员于20世纪80年代初提出的底板“下三带”理论，正确地描述了底板的破坏移动规律，对于水害的防治起到了重要的指导作用。该理论认为，开采煤层底板类似采动覆岩破坏移动，存在着“三带”(见图2-8)，即底板导水破坏带(采动底板破坏带)、完整岩层带和承压水导高带。各带厚度(深度)的确定如下。

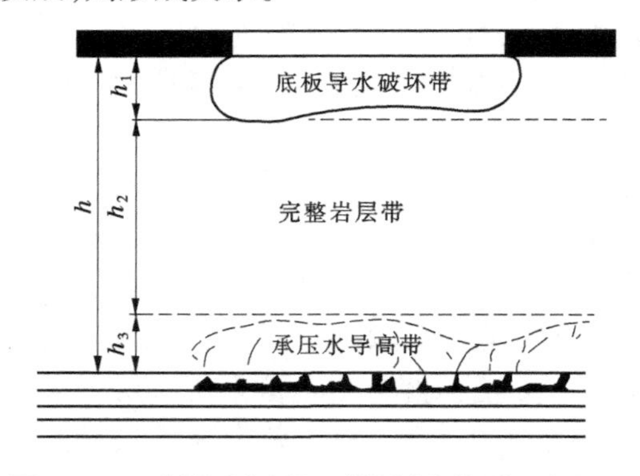

图2-8　开采煤层底板“三带”划分模型示意图

1. 底板导水破坏带(h_1)

“下三带”理论认为底板导水破坏带的大小与多种因素有关，如回采工作面的尺寸、开采方法、煤层厚度及倾角、开采深度、顶底板岩性及结构等。并根据实测资料采用多元回归分析得出：在垮落法开采条件下，最主要的影响因素是工作面尺寸，其次是开采深度，最后是煤层倾角、岩性强度等，并获得如下经验公式：

$$h_1 = 0.0085H + 0.1665\alpha + 0.1079L + 4.3579 \tag{2-1}$$

式中　h_1——底板导水破坏深度，m；

H——开采深度，m；

α——开采煤层倾角(°)；

L——开采工作面斜长，m。

由于开采工作面斜长与底板导水破坏深度的关系最为密切，经逐次回归分析，得出两者的关系为：

$$h_1 = 0.7007 + 0.1079L \tag{2-2}$$

上述经验公式的得出主要是统计采深基本在500 m以上的，对大采深矿井的适用性是否合适，值得商榷。

2. 完整岩层带(h_2)

该带位于底板导水破坏带之下、承压水导高带之上，是对底板承压力具有有效阻隔作用的相对较完整的岩带。在经典的“下三带”理论中，认为该带是唯一阻隔承压水进入工作面的层带，故将其称为有效保护层带。其厚度为底板隔水层总厚度(h)减去采动底板破坏带厚度(深度)(h_1)和承压水导高带厚度(h_3)，即为：

$$h_2 = h - (h_1 + h_3) \tag{2-3}$$

对于完整岩层带，不能以“静态”观点来看待其隔水性能。大量底板研究资料表明，矿压扰动影响带深度可达到50～80 m。采动底板破坏带仅为其一小部分，该带的底板裂隙已相互贯通，使底板渗透性明显增强，基本失去了阻隔水的能力。但在其之下的完整岩层带中，上部存在一个裂隙起裂扩展带。该带受矿山压力影响，原始裂隙已经达到起裂阶段，只不过矿压作用不足以使其贯通。该带内的裂隙处于亚临界扩展状态，裂隙一旦起裂，即使在压力不增加的情况下，分支裂纹的扩展仍在继续。如果时间足够长，也可形成贯通裂隙。因此，可将此带称为矿压扰动带。其下的岩带基本不受矿压影响，保持原来的性状。矿压扰动带在工作面正常推进的情况下，裂隙没有足够的时间来扩展形成贯通性裂隙，因此该带的渗透性能没有显著的变化，还应归为“下三带”中的完整岩层带。

3. 承压水导高带(h_3)

承压水导高带是水—岩—应力相互作用的产物，形成于长期的地质历史中，其基础是构造裂隙，在自然条件下，承压水沿底板裂隙上升的高度为原始导高。在采场条件下，由于矿山压力的影响，承压水还可进一步导升，称为承压水再导升高度，两者之和为承压水导高。

承压水再导升高度可通过钻探、物探、超声波法等进行探测。方法是在采前探出原始导高，在采动过程中和采后重复探测，前后比较可确定承压水再导升高度。承压水再导升与底板隔水层厚度及其力学性质、工作面斜长和顶板管理方式、含水层的水头压力等因素有关。经分析发现，采动引起的承压水再导升高度与有关因素存在下列关系：

$$h'_3 = \frac{\sqrt{\gamma^2 + 2A(P - rh)S_t} - \gamma}{AS_t} \tag{2-4}$$

式中　h'_3——底板采动承压水导升高度，m；

A——$\dfrac{12L_x}{[L_y^2(\sqrt{L_y^2 + 3L_x^2})^2]}$；

P——作用于该区底部的水压，MPa；

L_x ——工作面斜长，m；

L_y ——沿推进方向工作面至采空区未压实长度，m；

γ ——底板岩层平均容重，MN/m^3；

h ——底板岩层总厚度，m；

S_t ——底板岩体抗拉强度，MPa。

2.2.1.2　底板突水的“下四带”理论

该理论于21世纪初由山东科技大学施龙青教授提出。图2-9所示为开采煤层底板“四带”划分理论，即“下四带”理论划分模型，它将一个有足够厚度的采场底板根据其力学特征，划分出了四个带，即：第Ⅰ带——矿压破坏带（h_1）、第Ⅱ带——新增损伤带（h_2）、第Ⅲ带——原始损伤带（h_3）、第Ⅳ带——原始导高带（h_4）。下面从力学性质和隔水能力方面阐明各带的基本特征。

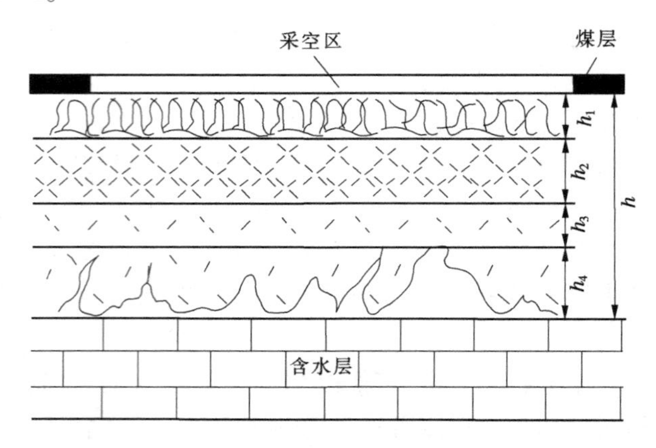

图2-9　底板“四带”理论划分模型

（1）第Ⅰ带（h_1）：矿压破坏带是指矿山压力对底板的破坏作用显著，底板岩石的弹性性能遭到明显伤失的层带。其特点为：岩石处于黏弹性状态；各种裂隙不仅交织成网，而且贯通性好、导水性能很强；岩层的连续性彻底破坏，完全丧失了隔水能力；承压水沿该带突出所消耗的能量仅仅用于克服突水通道中的沿程阻力。

（2）第Ⅱ带（h_2）：新增损伤带是指受矿山压力破坏的影响作用明显，岩石弹性性能发生了明显改变的层带。其特点为：底板岩层的原有抗压强度明显降低，但岩层的弹性性能尚未完全丧失，即岩石仍处于弹性状态；岩层的原有裂隙得到了明显的扩展，但尚未相互贯通；岩层具有一定的连续性和隔水能力；承压水要沿该带突出，其消耗的能量主要用于贯通裂隙。

（3）第Ⅲ带（h_3）：原始损伤带是指不受矿山压力破坏作用的影响或影响甚微，岩石弹性性能保持不变的层带。其特点为：岩石保持原有弹性性能；岩层内的裂隙保持原先的非相互贯通状态；岩层的连续性和隔水能力良好；底板水要沿该带突出，其消耗的能量主要用于破坏岩石及贯通裂隙。

（4）第Ⅳ带（h_4）：原始导高带是指不受矿山压力作用的影响，并发育有承压水的原始导高的层带。其特点为：因水化学作用，岩石处于弹塑性、塑性状态；裂隙发育参差不齐，并已成为突水通道；岩层的连续性差；底板水从该带突出只需克服沿程阻力。

根据采场底板组成的“四带”理论，当无断裂构造影响时，底板突水与否的判断依据为：

（1）若 $h_3 \neq 0$，则不突水；

（2）若 $h_3 = 0, h_2 \neq 0$，且 $P < \sigma(1 - D)$，则不突水，其中，P 为水压，σ 为损伤底板岩

石抗压强度，D 为底板损伤变量；

(3)若 $h_3 = 0, h_2 \neq 0$，且 $P > \sigma(1 - D)$，则突水；

(4)若 $h_3 = 0, h_2 = 0$，则突水。

2.2.2 断裂构造底板突水机制

事实上，煤层底板岩层一般都存在大量构造结构面或大量节理裂隙，岩体被各种不同类型的节理、裂隙和软弱面等结构面所切割，使其成为非均质的各向异性介质，这是煤层底板岩层的基本结构特征。实际情况应从断裂结构岩体角度，分析研究断裂构造底板突水机制。

断层突水在煤层底板突水中占绝大多数。因此，对断层突水机制的研究也较多。断层突水可区分为两种基本类型：第一种是导水断层引发的突水；第二种是断层本身并不导水，由于采动影响，断裂带再扩展而导致突水。前者在掘进或回采中遇到就会发生突水，后者则往往导致滞后突水，两种类型断裂突水具有不同的机制和特点。断层的导水性是一个复杂的问题。有些断层含水且导水，有些则仅含水而基本不导水，有的导水但含水却较弱，也有的既不含水也不导水。断层按其水文地质特点，可划分为五种类型：

(1)富水断层：断层含水丰富，能汇集两盘含水层中的地下水，其破碎带的透水性较好，一些发育在厚层含水层中的张性断层多属于此类。

(2)导水断层：能沟通不同含水层，并在各含水层之间起导水作用。这种断层发育于强透水岩层与弱透水或不透水岩层互层的地层中，由于它切穿了不同层位的含水层与隔水层，使各层含水层发生水力关系，断层往往本身是含水的。发育于煤系地层中的张性、张扭性断层常在各含水层之间起导水作用，断层本身储存的水量不多，断层带的地下水以径流量为主，水源主要为断层两盘的含水层。

(3)阻水断层：对地下水起阻隔作用，可分为两种：断盘阻水的断层和构造岩阻水的断层。前者是因为断层错动，使含水层与隔水层相接触，造成地下阻水墙幕，阻挡含水层中的地下水流。

(4)储水断层：断层本身是含水的，其破坏带具有一定的储水空间，但地下水是处在封闭条件下的，与附近含水层没有水力联系或联系极其微弱，地下水缺乏补给来源和途径，所以断层破碎带中的地下水主要是储存量，在天然条件下，几乎没有径流量或径流量极小。当采掘工程遇到此类断层时，开始涌水量很大，但以后越来越小，逐渐趋于稳定或消失。

(5)无水断层：当断层面紧密、闭合性好或构造岩胶结致密，裂隙完全被后期物质充填，断层本身不含水，也不导水，发育于厚层塑性岩层中的压性或压扭性断层或脆性岩层中的古老断层多属此类。

在煤矿生产中，常引起突水的断层类型是导水断层，它又可区分为天然状态下的导水断层和采动影响下的导水断层。

天然状态下的导水断层的导水性与断层的力学性质和形成时代有关。研究表明，98%的断层突水是由正断层引起的，其中85%发生在断层的上盘。

导水断层基本上为中生代晚期以来形成的断层或复活的老断层。这是因为正断层一般为张性的,断层带多发育构造角砾岩,大小混杂,透水性好,且上盘多发育张性裂隙,往往含水。压性断层则由于断层面多发育压片岩、靡棱岩,断层泥或构造透镜体,透水性很差或不透水。复活的老断层由于断裂再活动,导致断层带及其两盘裂隙重新张开,也易于形成导水断层。

一般来说,采掘工程一旦揭露含水、导水断层,即可引发突水。如果断层富水性和导水性都很好,则可能引发爆发型突水。这种突水的特点是:一旦揭露突水,在很短时间内就会达到最大突水量,然后有所回落,如果补给水源充足,则突水量稳定于一个较大值。

2.3 底板突水类型划分

2.3.1 突水类型划分方案

目前,突水类型的划分尚没有统一的标准,在以往的底板突水研究中,对底板突水类型的划分主要依据突水的地点、时间、水源、通道及水量等因素来考虑,其中比较具有代表性的划分方案如下:

(1)按突水与断层的关系划分。

按突水与断层的关系划分如下所示:

- 煤层底板突水
  - 断层突水
    - 断层切穿煤层突水
    - 断层接近煤层突水
    - 断层隐伏较远突水
  - 非断层突水
    - 隔水层强度不够突水
    - 岩溶陷落柱突水

(2)按突水量的大小划分。

按突水量的大小划分如下所示:

- 煤层底板突水
  - 特大型突水 $Q > 50\ m^3/min$
  - 大型突水 $20\ m^3/min < Q \leqslant 50\ m^3/min$
  - 中、小型突水 $5\ m^3/min < Q \leqslant 20\ m^3/min$

(3)按突水动态特征划分。

按突水动态特征划分如下所示:

- 煤层底板突水
  - 爆发型突水
  - 缓冲型突水
  - 滞后型突水

(4)按含水层性质划分。

按含水层性质划分如下所示:

- 煤层底板突水
  - 厚层灰岩突水
  - 薄层灰岩突水
  - 砂岩含水层突水

(5)王作宇、刘鸿泉根据突水发生部位和突水形式的不同,将断裂突水分为 4 种类型，如表 2-1 所示。

表 2-1　断裂突水统计

突水类型	突水过程及形式	断裂发育特点
突发型	突水时，水量瞬时达到峰值，水势猛、速度快，冲击力与水压一致，水量达到峰值后持续稳定或逐渐减小	无充填断裂、贯穿性断裂，断裂与工作面剪切带相交处居多
跳跃型	突水量跳跃式增长，有泥沙冲出，水量达到最大值需要较短时间，随后逐渐稳定，减小趋势不明显	断裂充填性不好，大多为贯穿性断裂
缓冲型	突水时，水量由小到大需要较长时间才能达到稳定，长者可达 1 ~2 年	充填较好的断裂，临空型断裂
滞后型	工作面回采数日、数月甚至数年后，才发生突水，水量变化很难掌握	断裂充填好，临空型断裂，一般在回采中隐伏存在

(6)黎良杰等按采动影响将长壁工作面底板突水划分为二大类六小类，如下所示：

采场底板突水
- 非采动影响型底板突水
  - 导水断层突水
  - 导水陷落柱突水
  - 裂隙渗透性突水
- 采动影响型底板突水
  - 无断层影响下的底板突水
  - 有断层影响下的底板突水
  - 其他构造影响下的底板突水

(7)按高延法、施龙青的观点划分。

高延法深入研究了底板突水机制与采掘工作的关系，提出了新的突水类型划分方案，如下所示：

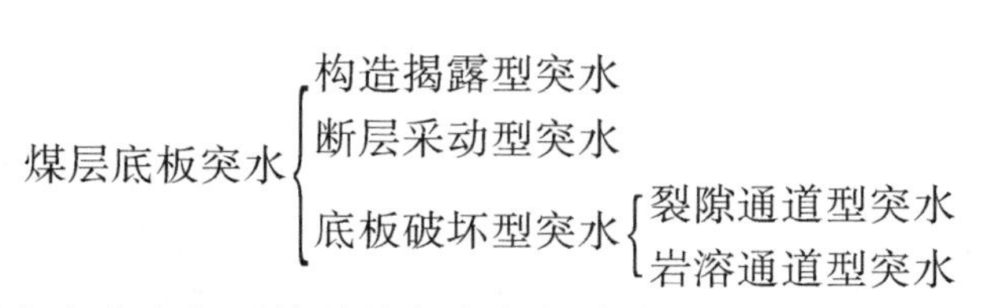

与高延法分类方案有点相近的是施龙青的划分方法。他认为底板突水类型划分的目的在于利于突水的资料统计和规律总结，进而能更深入地研究突水机制，也有利于现场工作人员对水害制定更有针对性的防治措施。因此，施龙青根据矿山压力在采场及巷道的分布特点，提出以下突水类型的划分方案：

煤层底板突水
- 掘进沟通(断层、陷落柱)型突水(A)
  - 掘进沟通断层型突水(A_1)
  - 掘进沟通陷落柱型突水(A_2)
- 回采底板破坏型突水(B)
  - 裂隙通道型突水
  - 陷落柱通道型突水
- 回采影响断层型突水(C)

2.3.2 本书所选的划分方案

底板突水类型划分的目的应有利于突水资料的统计和突水规律的总结,有利于系统、深入地研究突水机制,为底板突水的预测预报研究提供理论依据,同时也有利于现场工作人员采取具有针对性的水害防治措施。因此,突水类型的划分应当做到分类简洁、概念清晰、内涵丰富、现场适用。

为了有针对性地研究底板突水的超前预测,本书选择2.3.1中的施龙青的底板突水类型划分方案。并以此为根据,提出采场底板突水的预测方法分为回采底板破坏型突水(B)和回采影响断层型突水(C)两类预测。

底板突水类型的多样性反映了地质及水文地质条件的变化对底板突水诸多方面影响,选择此方案的理论基础如下:

(1)掘进沟通断层型突水(A_1)是指在矿井各种巷道掘进过程中,人为沟通导水断层而引发的巷道中的突水。这种类型的突水与矿山压力关系不大。

(2)掘进沟通陷落柱型突水(A_2)是指在矿井各种巷道掘进过程中,人为沟通导水陷落柱而引发的巷道中的突水。这种类型的突水与矿山压力关系也不大。

(3)回采底板破坏型突水(B)是指矿井在采掘过程中,在无断层影响的条件下,由于采场矿山压力对底板破坏而导致的采场底板突水。此类型突水主要是矿压破坏了薄底板隔水层所造成的。

(4)回采影响断层型突水(C)是指矿井在回采过程中,由于采场压力的影响,导致断层活化而引发的采场中的突水。这种类型的突水与矿山压力有着密切的关系。

2.4 采场底板突水预测方法

煤层底板突水的预测是承压水上安全开采的关键,也是人们一直进行研究的热点。综观以往的研究成果,用于预测煤层底板突水的方法主要为:一是采用经验公式;二是采用理论公式;三是将理论公式与经验公式相结合。由于煤层底板突水的多因素性,采用一种方法较准确地预测煤层底板突水是较难做到的。为了准确预测,本书选择的是理论公式与经验公式相结合的方法来预测煤层底板是否突水。

2.4.1 回采底板破坏型突水预测

2.4.1.1 经验公式

1. 突水系数法

在焦作矿区水文地质大会战中,以煤科总院西安分院为代表,提出了采用突水系数作

为预测预报底板突水与否的标准。所谓突水系数，就是单位隔水层所能承受的极限水压值，即

$$T_s = \frac{p}{h_a} \tag{2-5}$$

式中 T_s——突水系数，MPa/m；

p——含水层水压，MPa；

h_a——隔水层厚度，m。

通过不断深入研究工作面矿山压力对底板破坏作用的影响，煤科总院西安分院水文所对突水系数的表达式进行了两次修改后，确定为：

$$T_s = \frac{p}{(\sum h_i a_i - C_p)} \tag{2-6}$$

式中 h_i——隔水层第 i 分层厚度，m；

a_i——隔水层第 i 分层等效厚度的换算系数；

C_p——矿山压力对底板的破坏深度，m；

其余符号意义同前。

式(2-5)于2000年被国家煤炭工业局编入《建筑物、水体、铁路及主要井巷煤柱留设与压煤开采规程》，2009年被国家安全生产监督管理总局、国家煤矿安全监察局写入《煤矿防治水规定》(国家安全生产监督管理总局令第28号)，成为现场技术人员评价底板突水的依据。

一些矿区突水系数经验值列入表2-2，表中数值是临界突水系数，相当于底板每米隔水层厚度所能抵抗的最大水压。若实际突水系数小于临界突水系数值则安全，大于则不安全。

表2-2 突水系数经验值

矿区名称	突水系数经验值			井径(m)	使用的水压单位
	峰峰	焦作	淄博		
突水系数 T_s	0.66~0.76	0.60~1.00	0.60~1.00	0.60~1.50	kgf/cm^2
	0.066~0.076	0.06~0.10	0.06~0.10	0.06~0.15	MPa

2. 阻水系数法

对承压水体上采煤底板岩层突水机制研究表明(见2.2.1底板突水的"下三带"理论)，当 $h > h_1 + h_3$ 时，则保护层存在；当 $h < h_1 + h_3$ 时，则保护层不存在。显然，当 $h < h_1 + h_3$ 时，承压水会直接涌入矿井，导致底板突水；当 $h > h_1 + h_3$ 时，是否会发生底板突水，则取决于有效隔水层保护带的厚度及其阻(抗)水能力。若有效保护层阻水水压 $Z_{总}$ 大于实际水压，则安全；反之，则不安全。$Z_{总}$ 等于阻水系数 Z 乘以有效保护层厚度 h_2，即

$$Z_{总} = Zh_2 \tag{2-7}$$

通过对一些现场压裂试验和实测各类岩层的阻水能力的资料分析，不同岩层阻水能力可考虑：中、粗砂岩阻水能力为0.3~0.5 MPa/m，细砂岩为0.3 MPa/m，粉砂岩为0.2 MPa/m，泥岩为0.1~0.3 MPa/m，石灰岩约为0.4 MPa/m；断层带因其中充填物性质及胶结

密实程度不同,阻水能力变化很大,按弱强度充填物考虑,其阻水能力为 0.05 ~0.1 MPa/m。

2.4.1.2　理论公式

这里我们还要引用“下三带”理论模型,设底板采动裂隙带为 h_1、完整有效隔水层保护带为 h_2、承压水导高裂隙带为 h_3,如图 2-10(a)所示。在采动裂隙带中,岩层主要受矿山压力的影响而产生破坏裂隙;在完整有效隔水层带,其受到的矿山压力的影响程度明显减弱,没有产生破坏裂隙;承压水导高裂隙带主要受承压水的作用,水压进入岩体孔隙,造成承压水导升。由于采动裂隙带及导升带不能起到阻隔承压水的作用,因此底板是否发生突水,主要取决于有效隔水层带的厚度及其承载能力,下面将对底板有效隔水层带能够承载的突水极限压力进行计算。

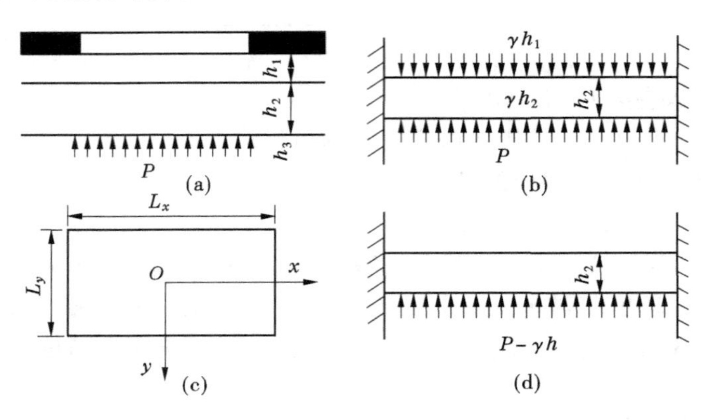

图 2-10　底板隔水带板力学模型

在正常开采条件下,当长壁式工作面煤层为近水平或缓倾斜赋存时,可以假设底板有效隔水层带为四边固支的矩形平板。板的上部受采动裂隙带的重力作用 γh_1 ,下部受均布水压力 P 作用。有效隔水层带的体力为 γh_2 ,可以将其等效为板面上的面力,如图 2-10(b)所示。

由于底板有效隔水层带未受到采动影响破坏,可将其看成连续、各向同性的均质介质,符合弹性力学假设条件。下面将底板有效隔水层带视为薄板,对其所能承载的突水极限压力进行分析。

在进行理论分析之前,先给出依据塑性理论计算的底板岩体采动破坏深度 h_1 :

$$h_1 = \frac{x_a \cos\varphi_0}{2\cos\left(\frac{\pi}{4} + \frac{\varphi_0}{2}\right)} e^{\left(\frac{\pi}{4}+\frac{\varphi_0}{2}\right)\tan\varphi_0} \tag{2-8}$$

式中　$x_a = \frac{m}{2K_1 \tan\varphi} \ln \frac{n\gamma H + C_m \cot\varphi}{K_1 C_m \cot\varphi}$;

$K_1 = \frac{1 + \sin\varphi}{1 - \sin\varphi}$;

φ ——煤层内摩擦角(°);

C_m ——煤层内聚力,MPa;

m ——煤层采厚,m;

H ——煤层开采深度,m;

φ_0 ——岩体内摩擦角(°);

γ ——岩体容重,N/m^3。

1. 基于弹性理论的底板突水极限压力法

依据弹性理论,采用瑞利-里兹(Rayleigh-Ritz,简写为 Ritz)法求解,并根据屈雷斯加 H. Tresca 屈服准则,最终求得底板有效隔水层带所能承载的突水极限压力 P_{max} 为:

$$P_{max} = \frac{\tau_0 h_2^2 \pi^2 [3(L_x^4 + L_y^4) + 2L_x^2 L_y^2]}{6L_x^2 L_y^2 (L_x^2 + \upsilon L_y^2)} + \gamma h \tag{2-9}$$

式中 τ_0 ——底板岩石的平均抗剪强度,MPa;

h_2 ——底板有效隔水层带厚度,m;

γ ——底板岩石容重,N/m^3;

h ——底板采动裂隙带与有效隔水层带厚度之和,m;

υ ——底板岩石泊松比;

L_x ——所研究区域的长度($L_x = \max(L_x, L_y)$),m;

L_y ——所研究区域的宽度,m。

2. 基于塑性理论的底板突水极限压力法

依据塑性理论,采用虚功原理求解,最终求得底板有效隔水层带所能承载的突水极限压力 P_{max} 为:

$$P_{max} = \frac{12R_t h_2^2 L_x^2}{L_y^2 (\sqrt{L_y^2 + 3L_x^2} - L_y)^2} \tag{2-10}$$

式中 R_t ——底板岩体平均抗拉强度,MPa;

其余符号意义同前。

因此,要保证承压水体上安全采煤,回采底板破坏型突水预测理论公式中的底板有效隔水层带能够承受的突水极限压力应大于底板实际所承受的水压力,即 $P > P_{实}$,底板不会发生突水;反之,底板就存在发生突水事故的危险。

2.4.2 回采影响断层型突水预测

根据各矿区突水的统计资料,大部分突水事故发生在回采工作面,且其中 80% 的突水事故是由于断层或裂隙带引起的。因此,对回采层和逆断层,由于逆断层对底板突水的影响比正断层小很多,下面仅对回采工作面遇到正断层时底板能够承载的突水极限压力进行力学分析。

沿煤层走向做一剖面,当回采煤层开采到断层附近时,其简化力学模型如图 2-11 所示。图中煤层至承压水导升裂隙带顶部之间的底板总厚度为 h ,设底板采动裂隙带厚度为 h_1 ,底板有效隔水层带厚度为 $h_2 = h - h_1$ 。在底板有效隔水层带中任意取一厚度为 d_z 的单元体,由于遇到断层,此时单元体一侧的向下阻力由 $C + \sigma_x \tan\varphi$ 变成了 $C_F + \sigma_x \tan\varphi_F$,单元体达到平衡状态,在垂直方向上的合力为零,即

$$(\sigma_z + d\sigma_z)L - \sigma_z L - (C + \sigma_x \tan\varphi + C_F + \sigma_x \tan\varphi_F)dz = 0$$

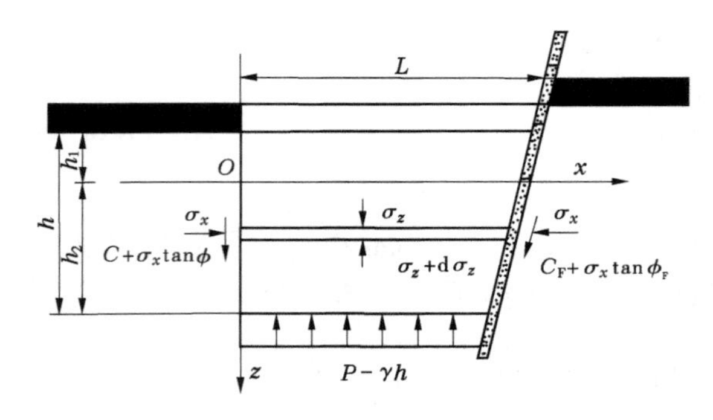

图 2-11　断层附近底板力学分析简图

$$\frac{d\sigma_z}{dz}-\frac{\tan\varphi+\tan\varphi_F}{L}\sigma_x-\frac{C+C_F}{L}=0 \tag{2-11}$$

当底板有效隔水层带达到极限平衡状态时,应满足莫尔－库仑准则:

$$\frac{\sigma_z+C\tan\varphi}{\sigma_x+C\tan\varphi}=\frac{1+\sin\varphi}{1-\sin\varphi}$$

令

$$\frac{1+\sin\varphi}{1-\sin\varphi}=\lambda$$

则

$$\sigma_x=\frac{\sigma_z}{\lambda}+\frac{(1-\lambda)C\cot\varphi}{\lambda} \tag{2-12}$$

将式(2-12)代入式(2-11),得:

$$\frac{d\sigma_z}{dz}-\frac{\tan\varphi+\tan\varphi_F}{\lambda L}\sigma_z=\frac{C(1-\lambda)(\tan\varphi+\tan\varphi_F)}{\lambda L\tan\varphi}+\frac{C+C_F}{L}$$

解此微分方程得:

$$\sigma_z=Ae^{\frac{z(\tan\varphi+\tan\varphi_F)}{\lambda L}}-(1-\lambda)C\cot\varphi-\frac{\lambda(C+C_F)}{\tan\varphi+\tan\varphi_F} \tag{2-13}$$

当 $z=0$ 时, $\sigma_z=\gamma h_1$ 代入式(2-13),得:

$$A=(1-\lambda)C\cot\varphi+\frac{\lambda(C+C_F)}{\tan\varphi+\tan\varphi_F}+\gamma h_1$$

令

$$B=(1-\lambda)C\cot\varphi+\frac{\lambda(C+C_F)}{\tan\varphi+\tan\varphi_F}$$

则

$$\sigma_z=(B+\gamma h_1)e^{\frac{z(\tan\varphi+\tan\varphi_F)}{\lambda L}}-B \tag{2-14}$$

当 $z=h_2$ 时, $\sigma_z=P-\gamma h$ 代入式(2-14),即可求得开采工作面遇到断层时底板有效隔水层带的突水极限压力 P 为:

$$P=(B+\gamma h_1)e^{\frac{(\tan\varphi+\tan\varphi_F)h_2}{\lambda L}}-B+\gamma h \tag{2-15}$$

式中　C——完整隔水层带岩石内聚力,MPa;

φ——完整隔水层带岩石内摩擦角(°);

C_F——断层带内岩石内聚力,MPa;

φ_F——断层带内岩石内摩擦角(°);

γ——底板岩石容重,kN/m^3;

L——采空区控顶距,m;

h_1——底板岩体采动破坏深度,m;

h——底板采动裂隙带与有效隔水层带厚度之和,m。

因此,要保证承压水体上安全采煤,回采影响断层型突水预测理论公式也可以作为承压水体上开采条件下底板是否会发生突水事故的理论参考依据,即 $P > P_{实}$,底板不会发生突水;反之,底板就存在发生突水事故的危险。

2.5 采场底板突水涌水量预测

为了有效地防治底板突水,降低灾害的损失,不仅要对是否发生突水进行预测,对底板突水涌水量也应进行预计。

2.5.1 回采底板破坏型突水涌水量预测

工作面在理论上可以看成一个大井在工作,工作面圈定的面积相当于大井面积,整个底板突水涌水量就相当于大井的涌水量,从而可以近似应用裘布依的稳定流基本方程计算矿井涌水量,这种涌水量预测方法称为"大井法"。

大井法是根据地下水动力学原理,用数学解析的方法对给定边界值和初值条件下的地下水运动建立解析式,进而达到预测矿井涌水量的目的。

涌水量按下式确定:

$$Q = 2.73 \frac{KMs}{\lg R_0 - \lg r_0} \tag{2-16}$$

式中 Q——工作面正常涌水量,m^3/d;

K——含水层渗透系数,m/d;

M——含水层厚度,m;

s——井中水位降深,m;

R_0——大井影响半径,m;

r_0——大井半径,m。

工作面所在含水层均值为无限分布,天然水位近似水平,因此引用大井影响半径 R_0 可采用下式计算:

$$R_0 = r_0 + R \tag{2-17}$$

式中 $R = 10s\sqrt{K}$,含义同前;

$r_0 = \sqrt{F/\pi}$,含义同前;

F——工作面面积,m^2,$F = ab$;

a——工作面倾向长度,m;

b——工作面走向长度,m。

2.5.2 回采影响断层型突水涌水量预测

承压水不仅使突水通道扩大,而且能使通道的内壁变得比较光滑,从而减少了突水过程中的阻力,所以在突水建模时,突水通道可以用圆形管道来模拟。

若底板突水的水流为层流,则涌水量 Q_a 为:

$$Q_a = \frac{\rho g d^4}{128\mu l}(H_1 - H_2) \tag{2-18}$$

若底板突水的水流为紊流,则涌水量 Q_a 为:

$$Q_a = \frac{\pi d^2}{4}\lambda^{0.556\ln\frac{\rho^{0.2}d^{1.2}}{0.092l\mu^{0.2}}(H_1-H_2)} \tag{2-19}$$

式中　ρ——水密度,kg/m³;

d——突水通道管径,m;

μ——水动力黏度,N·s/m²;

l——突水通道长度,m;

H_1——含水层水位标高,m;

H_2——底板突出水柱标高,m。

2.6　本章小结

根据本章分析煤层底板突水影响的主要因素,找出预测和防治底板突水的主要切入点;概述两类底板突水机制,分析底板突水类型划分方案,找出预测底板突水的理论依据和基本出发方向;基于以上分析,选择根据矿山压力在采场及巷道的分布特点的划分方案,确定突水类型预测研究对象。

底板突水预测的两个主要任务是:预测煤矿是否突水及其概率;预测突水涌水量。首先,就底板突水预测方法进行分类归纳,分为回采底板破坏型突水预测、回采影响断层型突水预测。其中,回采底板破坏型突水预测可采用经验公式和理论公式,经验公式可分为突水系数法、阻水系数法,理论公式可分为基于弹性理论的底板突水极限压力法、基于塑性理论的底板突水极限压力法。其次,针对两种类型的突水给出了各自突水的涌水量估计公式。

3 基于D-S证据理论的底板突水决策技术

D-S证据理论作为信息融合领域的一种数学工具,在不确定性的表示、量度和组合方面的优势受到广泛的重视,它允许人们对不精确、不确定性问题进行建模,并进行推理,这为融合不确定信息提供了另一条思路。随着D-S证据理论的发展,它的应用也越来越广,D-S证据理论主要应用于信息融合和专家系统。在信息融合领域,主要是处理其中的不确定问题(如检测、分类、识别等)。

3.1 概述与基本概念

3.1.1 概述

Dempster-Shafer(D-S)证据理论是研究不确定性问题的一种理论,属于人工智能的范畴。该理论于1976年由Shafer正式创立,但为证据理论做出重大贡献的第一个学者是A. P. Dempster,它于1967年提出了上、下概率的概念,第一次明确给出了不满足可加性的概率。1968年,他又针对统计问题提出了两批证据(两个独立的信息源)合成的规则,即Dempster合成法则。Shafer证据理论是在Dempster工作基础上产生的,因此证据理论又叫做Dempster-Shafer Theroy。

在D-S证据理论出现之前,概率的解释可以概括为三种:客观解释、个人主义解释以及必要性解释。客观解释又叫频率解释,个人主义解释又叫主观解释或贝叶斯解释,必要性解释又叫逻辑主义解释。

常规的决策分析理论以概率和数理统计为基础,客观解释认为,概率是由事件发生的频率决定的,是纯客观的,该理论片面强调证据的作用,忽视人的判别决定。而个人主义解释认为,概率是人的偏好或主观意愿的度量,是纯主观的,该理论片面强调人的判决作用,而忽略客观证据的作用。D-S证据理论给了概率一种新的解释,对于概率推断的理解,不仅要强调证据的客观化,而且要重视证据估计的主观性,概率是人在证据的基础上构造出的对一命题为真的信任程度,简称为置信度。因此,证据理论可以根据各种资料对系统的各个部分状态的概率进行归纳与估计,从而做出正确的决策。

证据是D-S证据理论的核心,这是人们对有关问题所做的观察和研究的结果。D-S证据理论要求决策者根据拥有的证据,在假设空间(或称辨识框架)上产生一个置信度分配函数,称质量(mass)函数。质量函数可以看作是该领域专家凭借自己的经验对假设所做的评价,这种评价对于某一问题的最终决策者来说,又可以看作是一种证据。决策者的经验知识及其对问题的观察研究都是用来做决策的证据。

最早用于解决不确定性问题的方法是贝叶斯(Bayes)概率理论,它具有公理基础和易于理解的数学性质,计算量也处于中等度,因而在信息的决策融合中仍占有重要的地位。Bayes 公式如下:

在一个随机试验中,n 个互不相容的事件 $A_1,A_2,\cdots,A_n$ 必然会有一个发生,且只能发生一个,用 $P(A_i)$ 表示 A_i 的概率,则有:

$$\sum_{i=1}^{n} p(A_i) = 1$$

设 B 为 A_n 之外的任一事件,则根据条件概率的定义及全概率公式,有:

$$p(A_i \mid B) = \frac{p(B \mid A_i)}{\sum_{j=1}^{n} p(B \mid A_i)p(A_j)} \quad (i = 1,2,\cdots,n) \tag{3-1}$$

$p(A_1),p(A_2),\cdots,p(A_n)$ 分别表示 $A_1,A_2,\cdots,A_n$ 出现的可能性大小,这是在试验前就已经知道的事实,这种知识叫"先验信息"。一般来说,先验是指"在做试验前"与研究的问题有关的任何信息。此处的先验信息有更确定的形状,即以一个概率分布的形式给出,也称为"先验分布"。现在,假设在试验中,我们观测到事件 B 发生了。这样,对事件 A_1,$A_2,\cdots,A_n$ 的可能性就有了新的估计或认识,这个知识是在试验后获得的,可称为"后验知识",也可以用一个概率分布的形式给出:$p(A_1 \mid B),p(A_2 \mid B),\cdots,p(A_n \mid B)$,这显然满足下面的条件:

$$p(A_i \mid B) \geqslant 0, \quad \sum_{i=1}^{n} p(A_i \mid B) = 1$$

常称为"后验分布"。它综合了先验信息和试验提供的新信息,形成了关于 A 可能性大小的当前认识。这个由先验信息到后验信息的转化过程就是 Bayes 统计的特性。

从上面的论述可以看出,Bayes 统计的基本观点就是把未知数看作一个有一定概率分布的随机变量。这个分布总结了我们在抽样以前对该未知变量的了解,称为先验分布。Bayes 学派认为处理任何统计分析问题,在利用样本提供的信息的同时,也必须利用先验信息,且以先验信息为基础和出发点。因此,在 Bayes 统计中,如何构建先验分布是十分重要的问题。

一种利用先验信息的方法是利用历史观测。在这种方法中,直接或间接地得到随机变量的信息,是一种客观方法;另一种方法是利用主观概率假定先验分布,它依据统计者对事件的假定概率来构造先验分布。这样就难免会有主观成分,因此称为主观概率。基于此方法的 Bayes 统计,也称为主观 Bayes 统计。

在实践中,人们逐渐发现 Bayes 主观概率理论存在一定的问题,主要表现在:概率理论普遍遵循的原则就是概率可加性,即 $\forall A,B \in \Theta$,且 $A \cap B \neq \Phi$,则满足 $p(A \cup B) = P(A) + P(B)$。其中,$\Theta$ 为样本空间,A、B 为 Θ 的事件。

根据可加性,如果相信一个命题为真的程度为 S,那么就必须以 $1 - S$ 的概率去相信该命题的反命题。但在许多情况下,这是不合理的。如"地球以外存在生命"和"地球以外不存在生命"这一对命题来讲,在目前科学水平和我们所拥有的知识(证据)下,既不能相信前者,也不能轻易相信后者,即我们对前者的信度很小,同时对后者的信度也很小,两者之和根本不等于1,出现这样的问题,其根本原因是人们所获取的知识存在不确定性,所以追求概率可加性的Bayes概率理论不能反映出对知识的不确定信息。而对于信度,Shafer舍弃了这样一个原则,用一种称为半可加性的原则来代替。由于这种半可加性与理论的其他方面是协调的,使用半可加性是合理的。

3.1.2　基本概念

设现有一判决问题,对于该问题我们所能认识到的所有可能结果的集合用Θ表示,那么我们所关心的任一命题都对应Θ的一个子集。如对于煤矿突水问题,我们可以根据以往的历史资料和人们长期积累的经验知识,确定如下的可能性集合:{突水,临界状态,不突水,不确定}。而我们关心的是煤矿是否突水、突水的可能性以及突水量的大小,也就是在Θ中确定一个子集。从上面例子可知,Θ中的任一子集对应一个命题。将命题和子集对应起来,可以使我们把较抽象的逻辑概念转化为较为直观的集合概念。

Shafer指出,Θ的选取依赖于我们的知识和认识水平,为了强调可能性集合Θ所具有的这种认识论的特性,Shafer把Θ称为识别框架。而且当一个命题对应识别框架的一个子集时,称为框架能够识别的命题。另外,Θ的选取也应当充分丰富,以便使我们能够考虑到的任何特定的命题都可以对应Θ幂集中的某一子集。另外需要注意的是,Θ的任一子集之间应该是互斥的。

定义1:设Θ为识别框架,若函数$m:2^{\Theta} \to [0,1]$,且满足

(1) $m(\varphi) = 0$,　　(2) $\sum_{A \subseteq \Theta} m(A) = 1$

则称m是2^{Θ}上的基本概率赋值函数(Basic Probability Assignment Function,简写为BPAF);$m(A)$称为A的基本概率赋值,表示对A的精确信度。条件(1)反映了对空命题不产生任何概率;条件(2)说明了给所有命题赋予的概率赋值的和等于1。

定义2:命题的信度函数Bel: $2^{\Theta} \to [0,1]$,且

$$\mathrm{Bel}(A) = \sum_{B \leqslant A} m(B),\text{对所有的} A \subseteq \Theta$$

Bel函数也称为下限函数,表示对A的全部信度。由概率赋值函数的定义易得到:$\mathrm{Bel}(\varphi) = m(\varphi) = 0$, $\mathrm{Bel}(\Theta) = \sum_{B \subset \Theta} m(B)$。

定义3:对于$\forall A \subseteq \Theta$,如果$m(A) > 0$,则称$A$为信度函数Bel的焦元。

定义4:设信度函数Bel的焦元为$A_1, A_2, \cdots, A_K$,则称:

$C = A_1 \cup A_2 \cup \cdots \cup A_K$为Bel的内核。

定义5:似然函数$\mathrm{pl}:2^{\Theta} \to [0,1]$,且$\mathrm{pl}(A) = 1 - \mathrm{Bel}(-A)$,对所有的$A \subseteq \Theta$,pl也称为上限函数或不可驳斥函数,表示对$A$的信任程度(表示对$A$似乎可能成立的不确定性度量)。

容易证明,信度函数Bel和似然函数pl有如下关系:

$\mathrm{pl}(A) \geqslant \mathrm{Bel}(A)$,对所有的$A \subseteq \Theta$。

定义 6:对于 $\forall A \subseteq \Theta$,称区间 $u(A) = pl(A) - Bel(A)$ 为信度区间。

由前面所述, Θ 中的每个子集都对应一个命题,命题的不确定性可由集合的不确定性表示,而 $Bel(A)$ 和 $pl(A)$ 分别给出了集合 A 的信度的上限和下限,因此信度区间就描述了命题的不确定性。

D－S 证据理论对 A 的不确定性的描述可用图 3-1 表示。

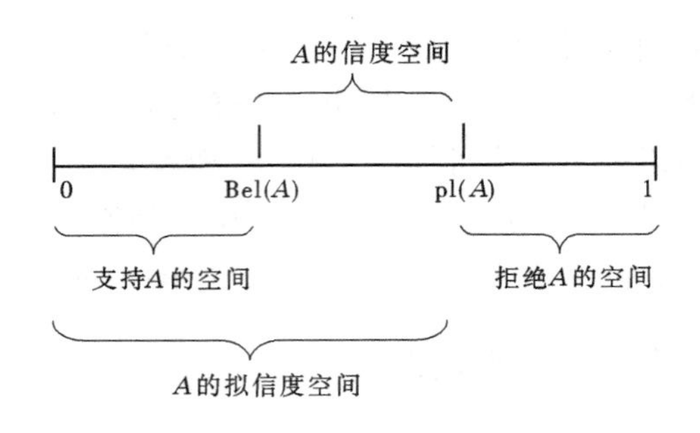

图 3-1 对事件 A 的不确定性描述

3.2 合成规则及基本性质

3.2.1 合成规则

D－S 合成规则是一个反映证据联合作用的法则。给定几个同一识别框架上的、基于不同证据的信度函数,若这几批证据不是完全冲突的,那么可以利用该法则计算出一个信度函数,而这个信度函数就可以作为那几批证据联合作用下产生的信度函数。

3.2.1.1 两个信度函数的组合规则

假设 Bel_1 和 Bel_2 是相同识别框架 2^{Θ} 上的信度函数,具有基本概率赋值函数 m_1 和 m_2 以及焦元 $A_1, A_2, \cdots, A_K$ 和 $B_1, B_2, \cdots, B_N$,并假设 $\sum_{A_K \cap B_N = A} m_1(A_K) \cdot m_2(B_N) < 1$,于是,基本可信任分配函数 $m: 2^{\Theta} \to [0,1]$ 对于所有基本信任分配的非空集 A ,有:

$$m(A) = \frac{\sum_{A_K \cap B_N = A} m_1(A_K) \cdot m_2(B_N)}{1 - c} \tag{3-2}$$

其中, $c = \sum_{A_K \cap B_N = A} m_1(A_K) \cdot m_2(B_N)$,它反映了证据冲突的程度。系数 $(1/(1 - c))$ 称为归一化因子,它的作用就是避免在合成时将非 0 的基本概率赋给空集 Φ 。

3.2.1.2 多个信度函数的组合规则

假设 $Bel_1, Bel_2, \cdots, Bel_n$ 都是相同识别框架 2^{Θ} 上的信度函数,则 n 个信度函数组合为:

$$(((Bel_1 \oplus Bel_2) \oplus Bel_3) \oplus \cdots) \oplus Bel_n \tag{3-3}$$

如果 $m_1, m_2, \cdots, m_n$ 分别代表 $Bel_1, Bel_2, \cdots, Bel_n$ 的基本概率赋值函数,则证据组合规则可以表示为:

$$m = (((Bel_1 \oplus Bel_2) \oplus Bel_3) \oplus \cdots) \oplus Bel_n \tag{3-4}$$

其中 $\oplus$ 表示直和,由组合证据获得的最有力证据,在组合完成过程中与次序无关,即满足结合律。

上面给出了两个、多个证据的合成规则。之所以进行多证据的合成运算,是为了弥补单个证据所具有的不确定性,提高证据的可靠性。

在实际过程中,经过证据的合成能否达到上述目标,由下面定理给出答案。

定理：设 N 个证据体，满足融合规则中 D－S 合成规则成立条件，则合成后结论的不确定性 $m(\Theta)$ 满足：

$$\forall i \in (1,2,\cdots,n), m_i(\Theta) = 0, \text{则 } m(\Theta) = 0$$

$$\forall i \in (1,2,\cdots,n), m_i(\Theta) \neq 0, \text{则 } m(\Theta) < m_i(\Theta)$$

由定理可知，随着参与合成的证据体的增加，合成后证据体的不确定性减小，推理结论的可靠性也越高。

3.2.2 基本性质

D－S 证据理论中合成规则应具备的六条基本数学性质，如下所述：

（1）交换性：$m_1 \oplus m_2 = m_2 \oplus m_1$，这是作为一个公式的基本要求。

（2）结合性：$(m_1 \oplus m_2) \oplus m_3 = m_1 \oplus (m_2 \oplus m_3)$，这可保证合成次序不影响合成结果。

（3）同一性：$m_1 \oplus m_B = m_1$，这说明存在幺元。现实生活中的意义是，某些专家不表态（弃权）时不影响最终结果。

（4）单调性：假设 m_1 和 m_2 是单调的，则当给定 $m_1 \otimes m_2 = m_3$ 时，m_3 也为单调的。

（5）极化性：$m_1 \oplus m_1 \geq m_1$，式中≥表示一种“大于”或“放大”，意义为意见相同的两位专家合成的效果是支持的假设更支持，否定的假设更否定，向两极发展。

（6）证据聚焦的权重。这个条件表述的是：当几个证据相互支持时，应产生合理的结果。假设几个证据都以某种方式支持 $\{\theta_1\}$，没有证据推翻支持 $\{\theta_1\}$，将证据组合在一起，证据聚焦的重心越来越指向 $\{\theta_1\}$。因此，组合方法应将聚焦的重心“向下”，从更大基数的集合指向更小基数的集合 $\{\theta_1\}$。

以上内容可以用严格的数学方式描述：假设有证据集合 $m = \{m_1, m_2, \cdots, m_n\}$，$A_1 \subseteq \Theta$，$A_2 = \{\theta_2\}$，$\Theta = \{\theta_1, \theta_2, \cdots, \theta_n\}$。当 $A_1 \cap A_2 \neq \Phi$ 时，$m_i(A_1) > 0$；当 $A_1 \cap A_2 = \Phi$ 时，$m_i(A_1) = 0$。对每个证据 m_i，合适的合成规则应产生下列结果：$m_1 \otimes m_2 \otimes m_3, \cdots, m_n = m$，$\mathrm{Bel}(A_2) = \mathrm{pl}(A_2) = 1.0$（定义为集合上的一种二元代数运算）。

3.3 基于 D－S 证据理论的底板突水融合决策

D－S 证据理论信息融合决策的基本过程如图 3-2 所示。

主要分为以下几个步骤：

（1）在深入分析决策问题的基础上，构造系统的命题集，即系统的识别框架 $\Theta = \{A_1, A_2, \cdots, A_K\}$；

（2）针对目标信息系统，构建基于识别框架的证据体 E_i（$i = 1,2,\cdots,n$）；

（3）根据所收集的各证据体资料，结合识别框架中各命题的特点，确定出各证据体的基本概率赋值 $m_i(A_j)$（$j = 1,2,\cdots,n$）；

（4）由基本概率赋值 $m_i(A_j)$，分别计算单证据体作用下识别框架中各命题的信度区间 $[\mathrm{Bel}_i, \mathrm{pl}_i]$；

（5）利用 D－S 合成规则计算所有证据体联合作用下的基本概率赋值 $m_i(A_j)$ 和信度区间 $[\mathrm{Bel}, \mathrm{pl}]$；

（6）根据具体问题构造决策规则；

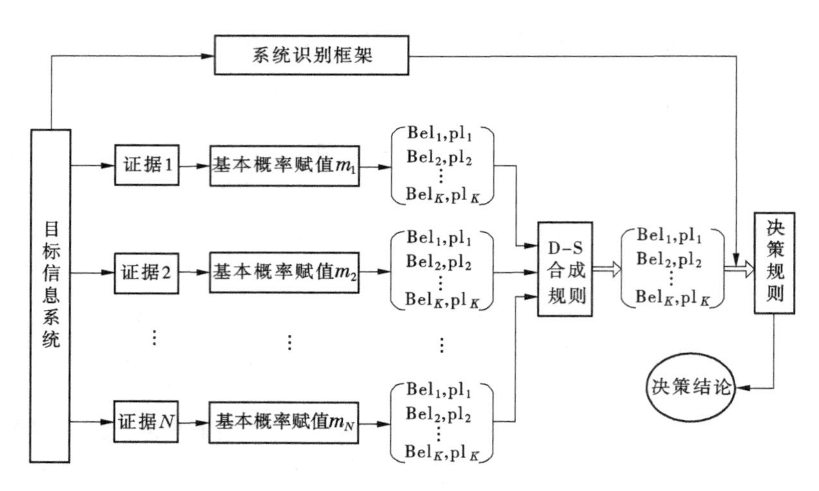

图 3-2 信息融合决策过程

(7)根据决策规则得出决策结论。

3.3.1 底板突水数据融合模型

这里由前面第 2 章采场底板突水预测方法及特点构造本次决策系统的识别框架 $\Theta=\{A_1,A_2,\cdots,A_K\}=\{$突水,临界,不突水,不确定$\}=\{a,b,c,\theta\}$;证据识别框架的证据体 $E_i=\{E_1,E_2,E_3,E_4,E_5\}=\{E_{p1},E_{p2},E_{p3},E_{p4},E_{p5}\}$ $(i=1,2,3,4,5)$,其中 E_{p1} 为专家 1(Expert First),E_{p2} 为专家 2(Expert Second),E_{p3} 为专家 3(Expert Third),E_{p4} 为专家 4(Expert Fourth),E_{p5} 为专家 5(Expert Fifth)。各证据体的基本概率赋值 $m_i(A_j)$ $(j=1,2,3,4)$,根据第 2 章中采场底板突水预测公式,由某实例得出回采底板破坏型的四个公式预测结果,如表 3-1 所示。由相关专家结合自己的防治水经验给出预测评判结果(在这里使用“征集专家评分”方法),如表 3-2 所示。

表 3-1 采场底板突水预测

类型	回采底板破坏型突水预测			
方法	经验公式		理论公式	
	突水系数法	阻水系数法	突水极限法 1	突水极限法 2
结果	突水	突水	不突水	不突水

表 3-2 基本概率赋值

相关专家	BPA			
	$m(a)$	$m(b)$	$m(c)$	$m(\theta)$
E_1	0.3	0.3	0.3	0.1
E_2	0.4	0.15	0.4	0.05
E_3	0.1	0.2	0.6	0.1
E_4	0.4	0.1	0.4	0.1
E_5	0.45	0.15	0.4	0

3.3.2 基于D－S证据理论的数据融合

根据D－S证据理论，对表3-2中$\{E_1,E_2,E_3,E_4,E_5\}=\{E_{p1},E_{p2},E_{p3},E_{p4},E_{p5}\}$五位专家给出概率赋值进行融合（设概率大于0.7，就会发生识别框架中某个子集），其结果见表3-3。

表3-3 数据融合

煤矿采场	BPA				特征分类结果
	$m(a)$	$m(b)$	$m(c)$	$m(\theta)$	
E_1	0.3	0.3	0.3	0.1	不定
E_2	0.4	0.15	0.4	0.05	不定
E_3	0.1	0.2	0.6	0.1	不突水
E_4	0.4	0.1	0.4	0.1	不定
E_5	0.45	0.15	0.4	0	突水
E_{12}	0.407 0	0.174 4	0.407 0	0.011 6	不确定
E_{123}	0.191 9	0.127 0	0.678 4	0.002 7	不确定
E_{1234}	0.209 5	0.055 4	0.734 5	0.000 6	不突水
E_{12345}	0.238 1	0.021 2	0.740 7	0	不突水

其中，两个信度函数的组合规则，以E_{12}计算过程为例：

$$c = 1 - \sum_{A_K \cap E_i = \varphi} m(A_K) \cdot m(E_i)$$

$$= \sum_{A_K \cap E_{ii} \neq \varphi} m(A_K) \cdot m(E_i)$$

$$c = 1 - [0.3 \times (0.15 + 0.4) + 0.3 \times (0.4 + 0.4) + 0.3 \times (0.15 + 0.4)]$$

$$= 1 - 0.57$$

$$= 0.43$$

$$c^{-1} = 2.325\ 6$$

$$E_{12}(a) = 2.325\ 6 \times (0.3 \times 0.4 + 0.3 \times 0.05 + 0.4 \times 0.1)$$

$$= 2.325\ 6 \times 0.175$$

$$= 0.407\ 0$$

$$E_{12}(b) = 2.325\ 6 \times (0.3 \times 0.15 + 0.3 \times 0.05 + 0.15 \times 0.1)$$

$$= 2.325\ 6 \times 0.075$$

$$= 0.174\ 4$$

$$E_{12}(c) = 2.325\ 6 \times (0.3 \times 0.4 + 0.3 \times 0.05 + 0.4 \times 0.1)$$

$$= 2.325\ 6 \times 0.175$$

$$= 0.407\ 0$$

$$\begin{aligned} E_{12}(\theta) &= 1 - E_{12}(a) - E_{12}(b) - E_{12}(c) \\ &= 1 - 0.4070 - 0.1744 - 0.4070 \\ &= 0.0116 \end{aligned}$$

由上面的融合结果可以看出,经四次的融合,m(不突水) = 0.740 7,不确定性 $m(\theta) \approx 0$,由此可以判定,此采场将不会发生突水事件。

3.3.3 融合结果分析

从表3-2、表3-3中结果看出,随融合证据的增加,$m(\theta)$ 明显减小,说明信息融合降低了系统的不确定性,同时融合后的BPA比融合前的BPA具有更好的可区分性:融合前,五个证据体 $E_i = \{E_1, E_2, E_3, E_4, E_5\} = \{E_{p1}, E_{p2}, E_{p3}, E_{p4}, E_{p5}\}$ 中"不突水"的BPA比其他类都大;经过四次融合后,"不突水"的BPA为0.740 7,比其他类也都大,而且比融合前 $\{E_1, E_2, E_3, E_4, E_5\}$ 的BPA都大,差距随证据的增加也更加明显,最后基于最大组合的BPA,确定突水类型为"不突水"。因此,依据融合后的数值来对突水的安全性进行识别,更有说服力,同时也说明,D-S证据理论用于矿井水害的融合处理是可行的。

通过表3-2、表3-3还可以看出,仅用单一的证据对突水的安全性进行识别,信任程度比较低,很难准确识别突水的类型;而利用多证据体的融合信息对突水的安全性进行识别,可以有效地提高突水安全性的正确识别率。从突水的安全性识别的实例中可以看出,5个证据融合后的不确定性接近"0",比单一的证据信息的不确定性大大降低,说明多证据信息的融合,减小了突水安全性识别的不确定性;同时,使融合后的基本概率分配较融合前各证据信息的基本概率分配具有更好的可分性,从而提高了矿井水害安全决策系统对突水类型的分类识别能力。

3.4 本章小结

D-S证据理论是概率论的推广,具有比概率论更强的公理体系和更严谨的推理过程,能够更加客观地反映事物的不确定性。本章介绍了D-S证据理论的基本概念及特性和证据的融合推理方法,在采场底板突水预测的基础上,建立了基于D-S证据理论的由 $\Theta = \{$突水,临界,不突水,不确定$\}$ 构成的突水识别框架;由专家打分法给出的基本概率赋值函数 $E_i = \{E_1, E_2, E_3, E_4, E_5\} = \{E_{p1}, E_{p2}, E_{p3}, E_{p4}, E_{p5}\}$ 作为证据体的融合决策模型(其中 E_{p1} 为专家1, E_{p2} 为专家2, E_{p3} 为专家3, E_{p4} 为专家4, E_{p5} 为专家5),采用基于采场底板突水预测和D-S证据理论决策的两级判测模型,证明经过多次信息融合后,有效地提高了底板突水概率的可信度,减小了底板突水预测的不确定性,为底板突水决策提供了更为有利的技术支持。

4 采场底板突水判测系统的开发

4.1 底板突水预测预报系统概述

采场底板突水的准确预测预报是保障承压水上安全开采的关键,长期以来,众多的学者和现场工作人员对这一问题不断地进行探讨,取得了丰富的成果,在生产中产生了巨大的经济效益。20 世纪 60 ~ 70 年代,我国水文地质工作者利用"突水系数"预测底板是否突水,该方法于 20 世纪 70 年代作为基本规定,列入《煤矿防治水工作条例》中,并几经修改,使计算公式较为完善。到目前,"突水系数"仍在煤矿水害预测中广泛流行,究其原因,除了传统习惯,更重要的是该方法简单实用。20 世纪 80 年代以来,随着对底板突水问题的日益重视,各种突水学说相继出现,人们从不同的角度对突水预测预报问题进行了研究,其中比较系统的有"下三带"理论及"零位破坏与原位张裂"理论、"薄板模型"理论、"强渗通道"说、"岩水应力关系"说及"关键层(KS)"理论等。人们根据"下三带"理论预测底板是否突水,与应用突水系数作为突水依据相比有了明显的改进,对底板预测和开采安全性论证、编制开采安全规程、选择适合带压开采的采煤方法及工作面尺寸等都具有很大的使用价值。20 世纪 90 年代,计算机在煤矿底板突水预测中的应用研究广泛展开,如模糊数学法、神经网络法、地理信息系统和多源信息复合处理法等。

专家系统是近年来发展起来的一种运用计算机辅助人类解决专门领域问题的新方法。它将领域专家那些不确定的、启发性的、专业性的经验知识、解题思路和方法移植到计算机领域。因此,专家系统是一个能模仿人类专家行为、具有大量知识和丰富经验的程序系统。它模拟专家解决某个领域的专门问题,按照专家的思维进行逻辑推理,并可对每一步解题方法做出解释。在底板突水预测预报专家系统研究中比较有代表性的有:冯稚君等进行采煤工作面突水预测专家系统研制,介绍了应用专家系统工具 1st - class 研制的 DTS 系统的结构原理、知识库设计及推理机制;刘伟韬等运用征集专家评分法和层次分析法建立了底板突水预测专家系统;施龙青等用突水概率指数法预测采场底板突水,在肥城煤田底板突水预测预报中运用比较成功;潘树仁等建立了煤矿水害防治专家系统,并演示了系统的运行结果;高延法等采用突水系数与突水优势面两种推理途径建立了底板突水危险性评价专家系统,为矿井底板突水危险性评价提供了一种新的方法。

可以看出,近年来研制成功的突水预计专家系统,已较成功地用于底板突水的预测预报。此外,还有许多学者利用新方法、新理论、新技术,从不同角度探讨了底板突水的预测方法,对煤层底板突水的机制及预测预报进行了一定的研究,对于指导承压水上采煤起到了重要的指导作用,这里就不一一介绍了。

4.2 软件系统分析与设计

4.2.1 软件工程概述

软件工程研究的是,如何应用一些科学理论和工程上的技术来指导大型软件的开发。作为一门学科,它是指导计算机软件开发和维护的工程学科。软件工程采用工程的概念、原理、技术和方法来开发与维护软件,它的目标在于研究一套科学的工程方法,并与此相适应,发展一套方便的工具系统,力求用较少的投资获得高质量的软件。

为了用工程化的方式有效地管理研制软件的全过程,引入"生存周期"的概念。生存周期是软件工程学的一个重要概念。可以将软件系统的生命期分为四个阶段:软件分析、软件设计、软件运行、软件维护;九个步骤:定义系统目标、可行性分析、需求分析、一般设计、详细设计、编码、测试、软件评价和软件维护。生存周期模型软件开发的主要特点有顺序观点、强调文档。

总之,运用软件工程的思想指导软件的开发,就会大大提高软件的质量,提高软件开发生产率,这是进行软件开发的唯一成功途径。

4.2.2 系统分析

突水预测预报是一个涉及水文地质、工程地质、开采条件、岩石力学等诸多因素的复杂问题,目前还很难寻求到一个确定的表达式来表达突水与这些因素的关系,但是,如果考虑到专门从事这方面研究的专家,凭借他们所拥有的领域知识和他们在生产实践中积累起来的经验,运用合理的推理方法,却常常能给出正确的结论。在这种情况下,由于底板突水专门知识的不一致性和不确定性,人类专家的经验和假设在研究的许多方面往往起到决定性作用。因此,系统为适应这些特点,进行了一级突水性判断,而后采用了二级基于 D–S 证据理论的决策技术来对预测专家的判断性知识进行规则融合,采用可信度来降低专家经验的不确定性,寻求对底板突水的可能性进行正确预测。

本着以下 4 条原则进行系统开发:

(1)判测结果比较可靠,具有一定的参考价值;

(2)软件应用方便,对计算机知识要求不高,易于被现场技术人员掌握;

(3)所需参数容易获取;

(4)作为一种思路,有推广价值。

系统有两条推理途径:①经验公式和理论公式综合的底板突水评判;②基于专家综合评判的 D–S 证据理论决策。首先进行水文地质和采矿方法的分析,将承压水采场底板进行分类,底板含有断层的,进行回采影响断层型突水模块进行突水判测;其他的都可以进行回采底板破坏型突水模块进行突水判测;然后根据判测结果进行是否需要专家参与的 D–S 证据理论决策,给出可信度支持。

系统结构框图如图 4-1 所示。

4.2.3 系统设计

4.2.3.1 Visual Basic 特点

Visual Basic(简称 VB)是一种可视化的、面向对象和采用事件驱动方式的结构化高

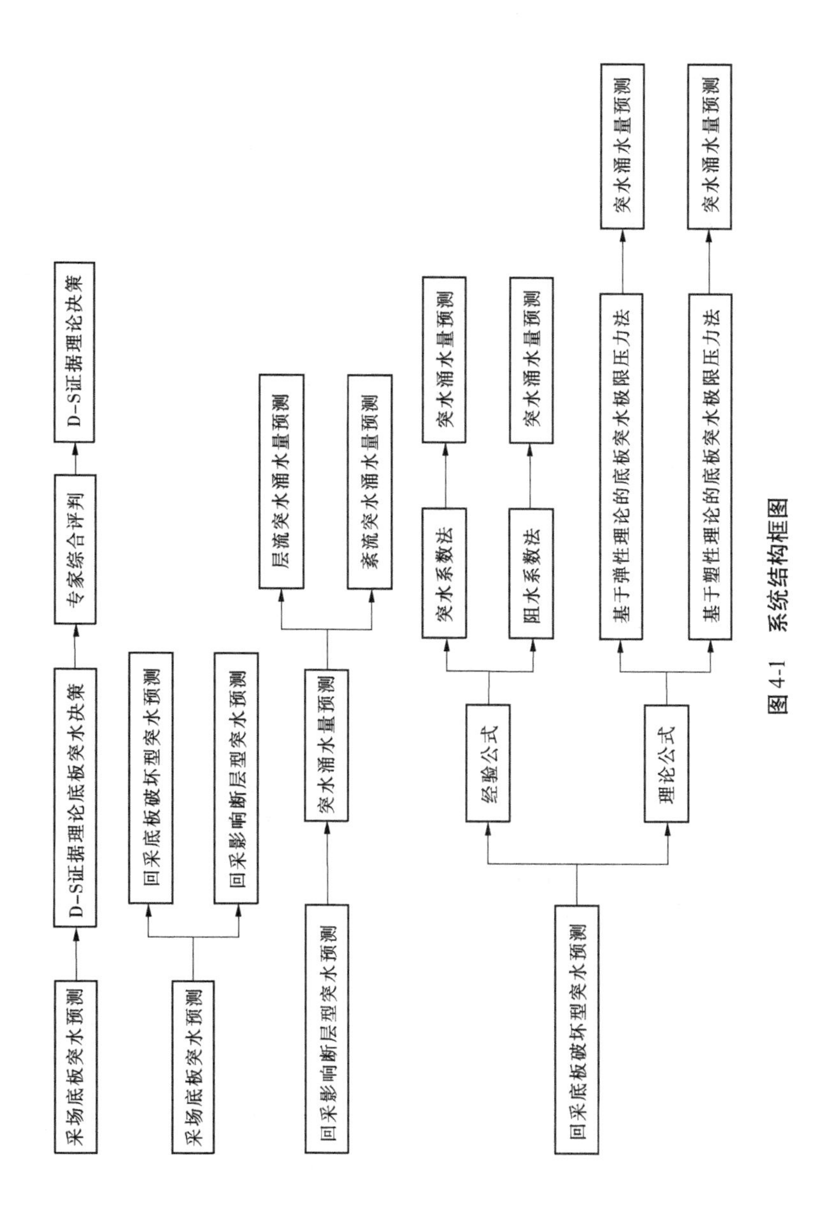
采场底板突水预测
D-S证据理论底板突水决策
专家综合评判
D-S证据理论决策
采场底板突水预测
回采底板破坏型突水预测
回采影响断层型突水预测
回采影响断层型突水预测
突水涌水量预测
层流突水涌水量预测
紊流突水涌水量预测
回采底板破坏型突水预测
经验公式
理论公式
突水系数法
阻水系数法
突水涌水量预测
突水涌水量预测
基于弹性理论的底板突水极限压力法
基于塑性理论的底板突水极限压力法
突水涌水量预测
突水涌水量预测

图 4-1 系统结构框图

级程序设计语言,它简单易学、容易掌握,而且效率高,可用于开发 Windows 环境下功能强大、图形界面丰富的应用软件。可视化编程为我们提供了一条便捷之路,让我们走出了过去在 DOS 环境下那种既枯燥又复杂的编程方式。

Visual Basic 编辑器是 Microsoft 公司推出的 Microsoft Visual Studio 开发工具套中的一员,是 Windows 下最具亲和力的程序语言。Visual Basic 的意思就是使用 Basic 语言,进行可视化程序设计的开发工具。VB 虽然沿用了早期 Basic 中的一些语法,但它不仅是一种语言,而且是一种开发工具。从数值计算、数据库管理、服务器软件、通信软件、多媒体软件,到 Internet 软件,都可以用 VB 开发完成。VB 与传统的 DOS 环境下的 Basic 或 Qbasic 的最大差别在于,VB 运用面向对象的概念,建立一个事件驱动的环境,供用户直接调动使用,程序设计者只要专心数据的运算处理,其余诸如 Windows 应用程序下的滚动条、按钮、下拉式菜单、核对框、列表框、存储文件对话框等,都有写好的子程序(Windows 程序为对象)供用户调用,而每一个对象都有许多事件、属性、方法,供用户填入适当值或程序码组成一个程序。

总的来看,Visual Basic 有可视化编程、面向对象程序设计、结构化程序设计语言、事件驱动编程机制和访问数据库等 5 个主要特点。

4.2.3.2 系统运行流程图

系统运行流程如图 4-2 所示。

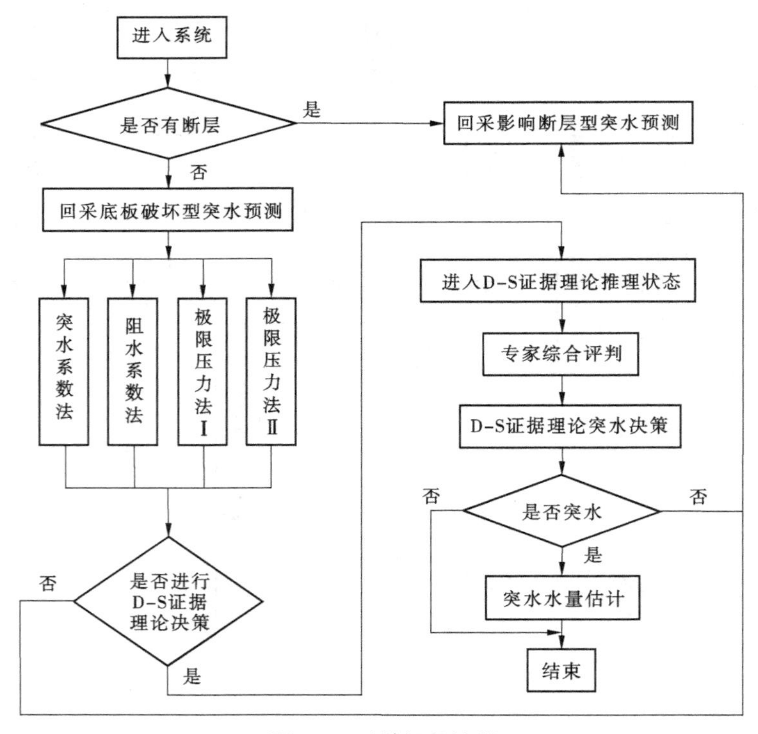

图 4-2　系统运行流程

4.3 系统实现

4.3.1 软件的安装

将安装盘插入计算机的光盘驱动器,在 Windows 的环境下运行 setup。安装完毕,返回 Windows。

4.3.2 软件的基本操作过程

(1)启动“采场底板突水判测系统”,出现如图 4-3 所示界面。

(2)输入密码,单击“登录”,出现如图 4-4 所示界面。

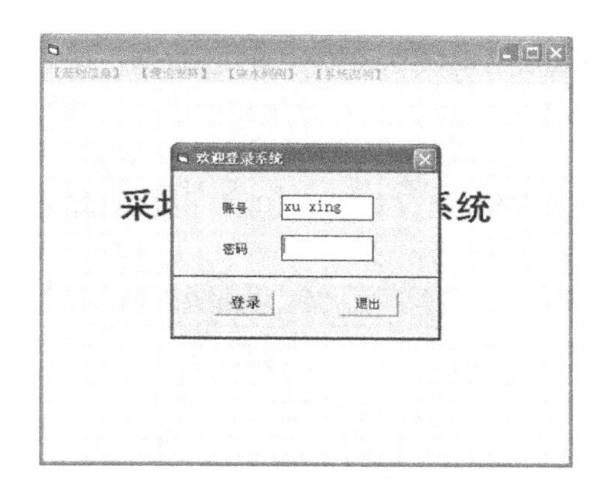

图 4-3 启动界面

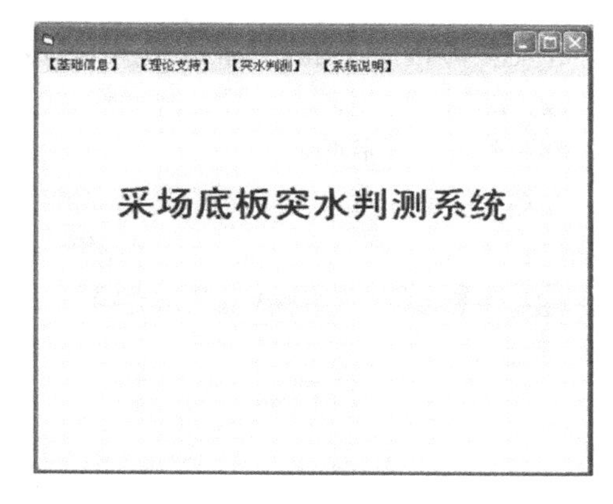

图 4-4 登录界面

(3)单击菜单中的“突水判测”,出现如图 4-5 所示界面。

①单击“回采底板破坏型突水预测”按钮,出现如图 4-6 所示提示。

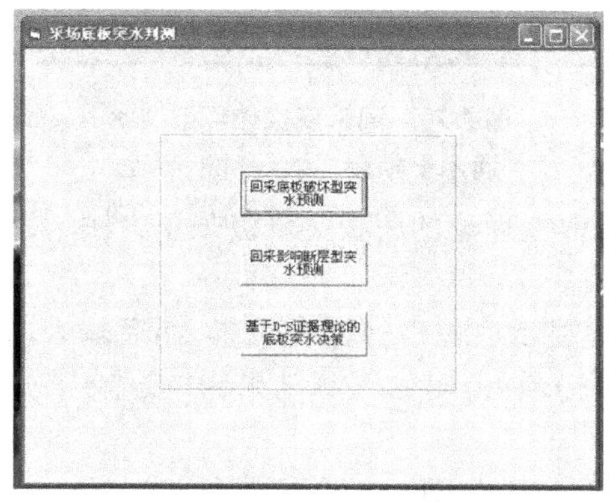

图 4-5 “采场底板突水预测”界面

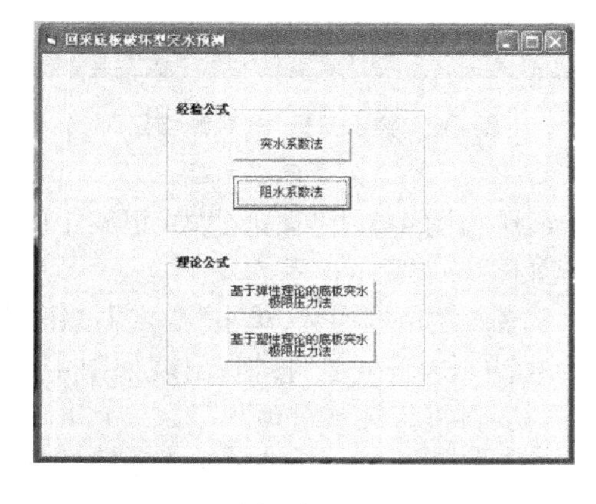

图 4-6 “回采底板破坏型突水预测”界面

a. 单击经验公式框架中的“突水系数法”按钮,出现如图 4-7 所示提示。

b. 选择框架中的某个矿区,单击“下一步”按钮,出现如图 4-8 所示提示。

图4-7　突水系数法“选择矿区名称”界面

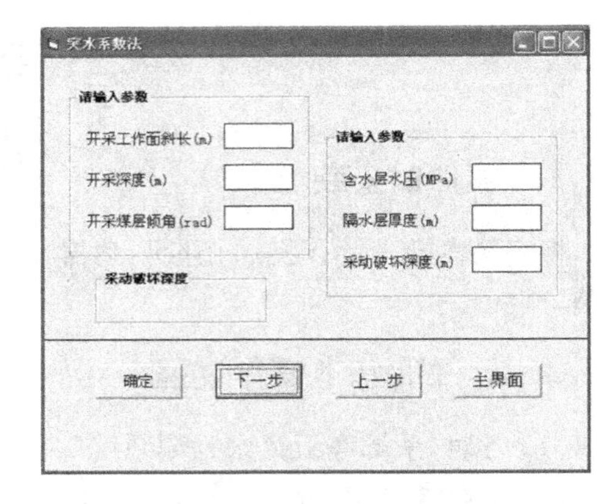

图4-8　突水系数法“输入参数”界面

c. 在左侧框架中输入参数,单击“确定”,则显示采动破坏深度结果;在右侧框架中输入参数,单击“下一步”,根据实例操作,出现如图4-9所示提示;在这里根据输入的参数得出的判测结果为“危险!”。

d. 单击“是否预测突水量”框架中的“是”选项按钮,出现如图4-10所示提示;输入参数,单击“确定”,则在可以正常涌水量预测结果中显示预测结果。

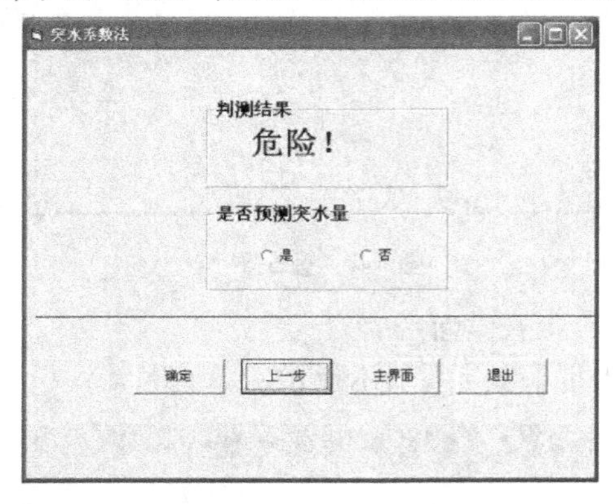

图4-9　突水系数法“判测结果”界面

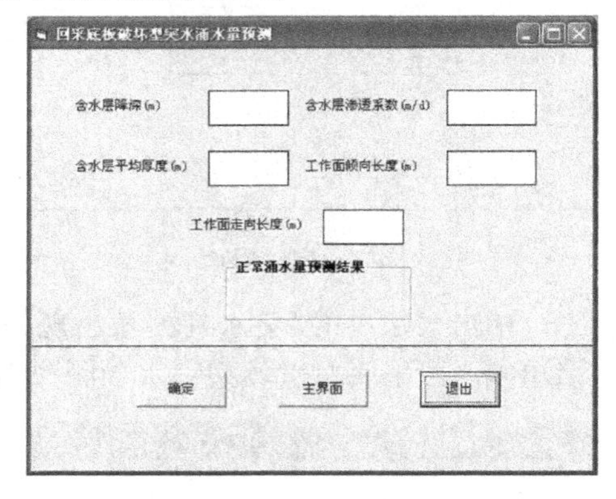

图4-10　回采底板破坏型突水涌水量预测“输入参数”界面

e. 单击图4-6中“理论公式”框架中的“基于弹性理论的底板突水极限压力法”按钮,出现如图4-11所示提示。

f. 输入左边框参数,单击“确定”按钮,在左边显示底板破坏深度结果;而后输入右边框参数,单击“下一步”按钮,出现如图4-12所示提示;得出的预测结果为“安全!”,这里就不需要再进行突水量预测了。

②单击图4-5中“回采影响断层型突水预测”,出现如图4-13所示提示。

a. 输入参数,单击“确定”按钮,可以得出底板破坏深度;单击“下一步”按钮,出现如图4-14所示提示。

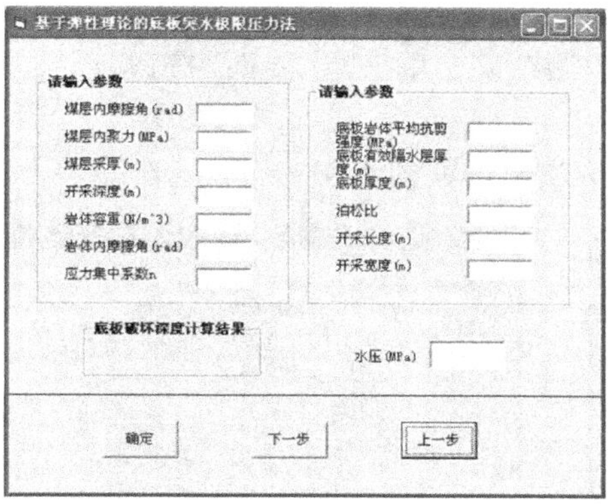

图 4-11 基于弹性理论的底板突水极限压力法“输入参数”界面

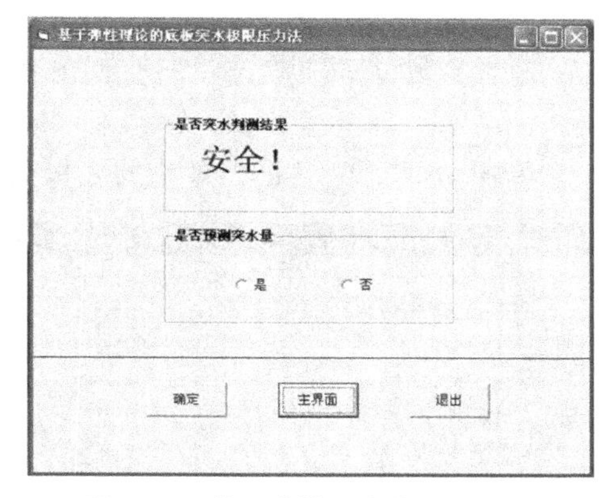

图 4-12 基于弹性理论的底板突水极限压力法“判测结果”界面

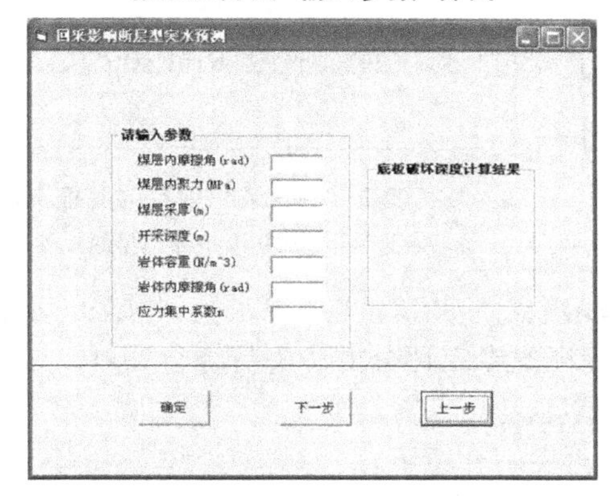

图 4-13 回采影响断层型突水预测“输入参数”界面 1

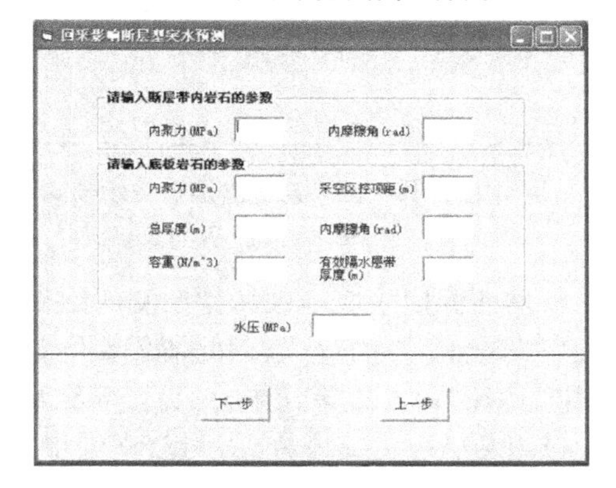

图 4-14 回采影响断层型突水预测“输入参数”界面 2

b. 输入参数，单击“下一步”，出现如图 4-15 所示提示；这里根据输入的参数得出的是预测结果为“危险！”。

c. 选择框架中的“是”按钮，单击“确定”按钮，出现如图 4-16 所示提示。

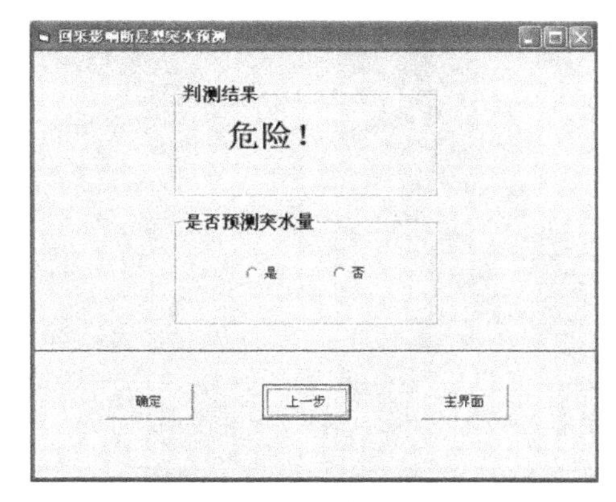

图 4-15 回采影响断层型突水预测“预测结果”界面

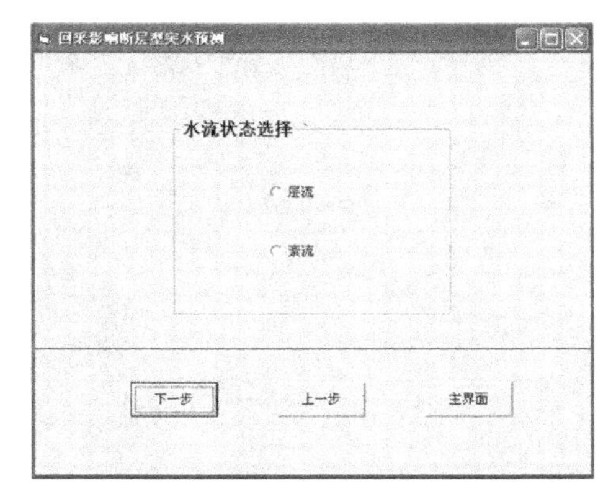

图 4-16 回采影响断层型突水预测“水流状态选择”界面

d. 选择框架中的“层流”按钮，单击“下一步”按钮，出现如图 4-17 所示提示。

e. 输入参数，单击“确定”按钮，得出突水量预测结果。单击“主界面”按钮，返回主界面。

③单击“基于 D－S 证据理论的底板突水决策”，出现如图 4-18 所示提示。

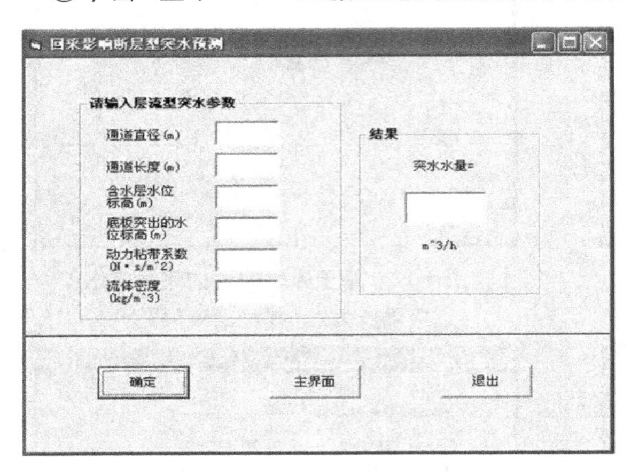

图 4-17　回采影响断层型突水预测“输入参数”界面 3

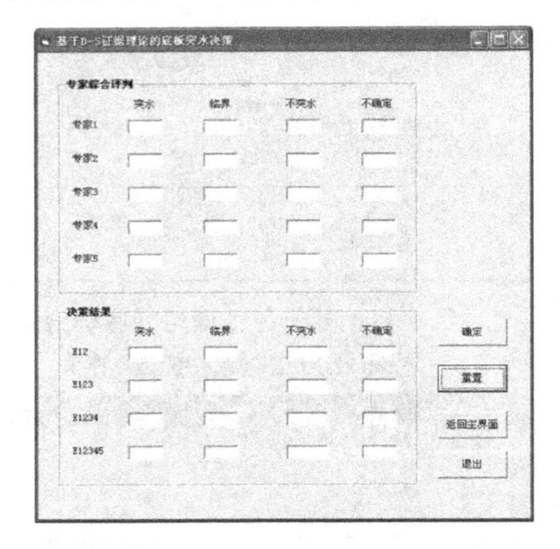

图 4-18　基于 D－S 证据理论的底板突水决策“评判、决策结果”界面

根据前面回采底板破坏型预测的结果为“危险（突水）！”“危险（突水）！”“安全（不突水）！”“安全（不突水）！”，因此请了 5 位专家采用征集专家评分方法进行综合评判。单击“确定”按钮，得出决策结果，即为预测结果的可信度。

以上是软件的基本操作过程，详细情况就不再一一介绍了。

4.4　本章小结

本章先从要开发的系统进行分析，进行开发设计，开发出了采场底板突水判测系统，然后对系统的操作进行简单介绍。经实践证明，软件应用于判测采场底板突水是可行的，是准确可信的。

5 工程概况

5.1 矿井地质及水文地质条件

刘庄煤矿位于淮南煤田西部,设计生产能力为800万t/a,一期工程300万t/a。地理坐标为:东经116°07′30″~116°20′40″,北纬32°45′00″~32°51′15″。东起F_5断层,与谢桥煤矿毗邻,西迄F_{12}断层,与口孜镇勘探区接壤,南以F_1断层及上部可采煤层17-1煤、-1 000 m至地面投影线为界,北至1煤层露头,东西走向长16 km,南北宽3.5~8 km,面积约73 km^2。行政区划属安徽省颍上县,南距颍上县城约20 km。东界有颍上至利辛公路通过,新建的潘谢公路与其相接,区内有简易公路可至阜阳,南界有颍河,该河系淮河支流,常年通航,淮南至阜阳铁路是矿区内主要运输干线,可达全国各地(见图5-1)。

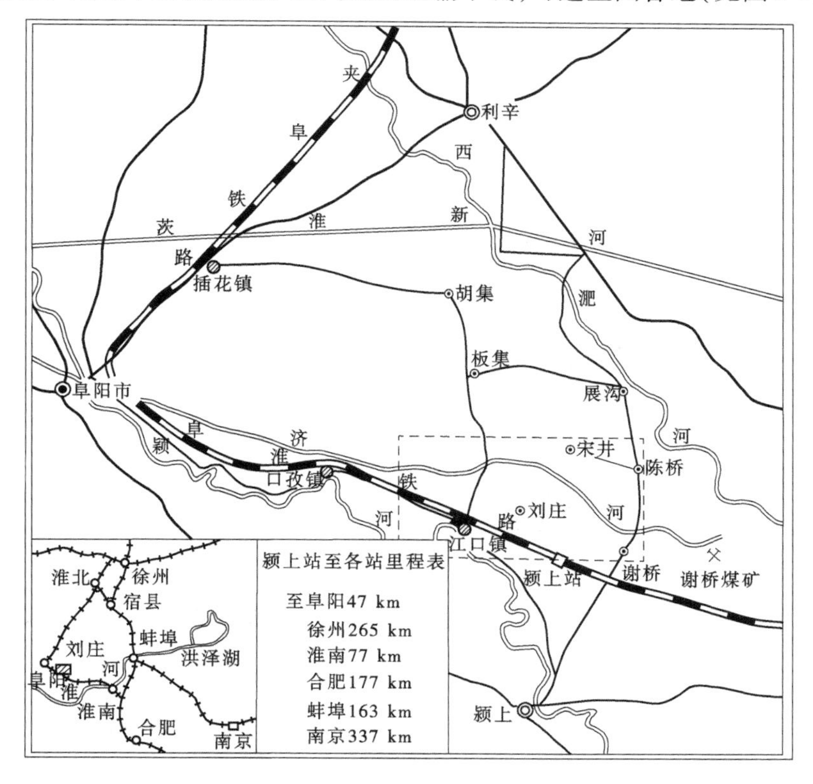

图5-1 刘庄煤矿位置交通图

5.1.1 地层

本区系全隐藏区,为第四系所覆盖。据钻探揭露,地层层序与淮南各井田相同,自老至新简述如下。

5.1.1.1 太古界

前震旦系变质岩系(AnZ):区域出露不全,厚度不详。在本区南部外围有168、169孔揭露,主要岩性为角闪片岩、花岗片麻岩等,厚度>500 m。

5.1.1.2 古生界

1. 寒武系(∈)

区域厚度约1 060 m,本区主要分布在F_1断层上盘,据150、154等孔揭露,以鲕状灰岩、结晶灰岩、白云质灰岩为主,夹有紫色泥岩、粉砂岩,产三叶虫化石。最大揭露厚度为666.80 m,与下伏地层为假整合接触。

2. 中、下奥陶统(O_{1+2})

区域厚度约250 m,本区据水1、140等4个孔揭露,以厚层白云质灰岩为主,局部夹泥质条带,最大揭露厚度32.42 m,与下伏地层为假整合接触。

3. 石炭系上统太原组(C_3)

据水1等孔揭露,厚约120 m,由11~13层灰岩与细砂岩、泥岩相间组成,底部常有含铝泥岩。含薄煤2~5层,均不可采,无经济价值,为非勘探对象。灰岩中多产海百合茎、腕足类、珊瑚等化石,特别是蜓科化石(12灰)甚富。与下伏地层为假整合接触。

4. 二叠系(P)

区域厚约844 m,分上、下统四个组,即下统山西组、下石盒子组、上统上石盒子组、石千峰组。以砂岩、粉砂岩和泥岩为主,含煤30余层,含煤系数4.5%,山西组、石盒子组可分7个含煤段,为本区主要勘探对象,其沉积特征、含煤性详见5.1.2。石千峰组,厚约125 m,为浅灰、紫红、灰绿等杂色泥岩、砂岩组成,不含煤层,砂岩中常发育交错层理,偶见植物化石碎片。与下伏地层为假整合接触。

5.1.1.3 中生界

三叠系(T):区域厚度约1 000 m,据区内167等13孔揭露,最大厚度为304.34 m,为一套红色地层,以棕红、褐红、紫红色砂岩为主。

5.1.1.4 新生界

1. 第三系(R)

区域厚度约500 m,在本区南部外围,据169孔揭露,为粉红、紫红色粉、细砂岩,间夹砾岩,揭露厚度为431.50 m。与下伏地层为假整合接触。

2. 第四系(Q)

区域厚60~550 m。分布趋势为东南薄、西北厚,南部古潜山处最薄。按岩性组合简述如下:

(1)下更新统(Q_1):厚0~115.70 m,岩性可分为:

①底砾层:厚0~38.10 m,由椭圆状、角砾状(砾径2~10 cm)紫红色石英砂岩组成,偶夹灰岩块;

②黏土层:厚0~87 m,灰红色,致密,可塑性强,含钙质,为不透水层。

(2)中更新统(Q_2):厚0~419 m,岩性可分为:

①中细砂间夹黏土层:厚0~385.25 m;

②黏土层:厚0~33.50 m,灰色,间夹细砂。

(3)上更新统(Q_3):厚24.58～45.25 m,为中细砂层,夹砂质黏土,具古河床特征,富水性强,为供水目的层。

(4)全新统(Q_4):厚27.15～48.20 m,为砂质黏土层,黄色,夹粉细砂层。

5.1.2　含煤地层

本区含煤地层包括上石炭系太原组、山西组,二叠系上下石盒子组。

5.1.2.1　石炭系上统太原组(C_3)

此部分由灰岩、砂岩、泥岩相间组成,富含蜓科化石及少量植物化石,厚约120 m,含煤2～5层,薄而不稳定,均不可采,无经济价值。

5.1.2.2　二叠系含煤地层

总厚约719 m,分为七个含煤段。

1. 山西组(P_1)

此部分即第一含煤段,厚68～86 m,平均厚75 m,底部为灰黑色致密泥岩,富含腕足类化石,其上为灰黑色、深灰色砂页岩互层,混浊层理发育,具虫孔构造,夹有菱铁结核,下部含煤1层,即1煤为主采煤层,中上部以中厚层石英砂岩、中细砂岩为主(局部含砾及泥质包体),间夹泥岩。

2. 下石盒子组(P_{12})

此部分即第二含煤段,厚91～128 m,平均约109 m,为主要含煤段之一。含煤10层(4～9煤),其中5煤层、8煤层为稳定可采煤层,4煤层、6－1煤层、7－1煤层、9煤层为局部可采煤层,其他不可采。底部为灰白色粗中砂岩、中细砂岩或石英砂岩,其上发育一层花斑状泥岩、铝质泥岩,中部为细砂岩、粉砂岩和石英砂岩夹泥岩。上部以灰色、深灰色泥岩为主,东部常发育石英砂岩。

3. 上石盒子组(P_{21})

此部分厚约535 m,可分为五个含煤段。

第三含煤段:厚98～129 m,平均112 m。东部以浅灰、灰白色细砂岩、中砂岩和石英砂岩为主,夹灰色泥岩。西部以灰色泥岩为主,夹浅灰、灰白色细砂岩。含煤4～5层(10～11－3煤层),11－2煤层为稳定可采煤层,11－1煤层局部可采,其他不可采。

第四含煤段:厚61～81 m,平均70 m,是主要含煤段之一。以灰色泥岩、砂质泥岩为主,含煤1～3层(13～15煤层),13－1煤层为全区稳定可采煤层,其他不可采。顶部和13－1煤层下部发育花斑状泥岩,底部常见中粒砂岩、石英砂岩。

第五含煤段:厚75～109 m,平均94 m,中部偏薄。本段以灰绿色、青灰色为主要特征,以泥岩、砂质泥岩和花斑状泥岩为主,夹有粉砂岩和细砂岩。含煤3～4层(16－1～17－2煤层),16－1煤层、17－1煤层为局部可采煤层,其他不可采。

第六含煤段:厚94～123 m,平均108 m,以灰色、深灰色、灰绿色泥岩、砂质泥岩为主,间夹细砂岩。含煤3～4层(18～21煤层),均为不稳定煤层。19～20煤层附近常有薄层燧石层,富含海绵骨针(海绵岩),18－1煤层底板常见铝质泥岩。

第七含煤段:厚121～188 m,平均151 m,由东向西逐渐变薄。灰色、青灰色,上部以泥岩为主,中下部以粉砂岩、细砂岩为主,含煤3～4层(22～25煤层),均为不稳定煤层。

5.1.3　矿井水文地质条件

本区位于淮南煤田西部，介于西淝河和颍河之间，地势平坦，地面标高 24 ~ 26 m，微向东南倾斜，河流流向与地形基本一致，由西北流向东南。水文地质条件叙述如下。

5.1.3.1　第四系含、隔水组

区内第四系沉积厚度 60 ~ 550 m，南部薄，古地形起伏变化较大，北部厚，古地形呈缓坡向东西两侧倾斜，本系分为全新统弱含水组（Q_4）、上更新统含水组（Q_3）、中更新统隔水组（Q_{2-2}）、中更新统含水组（Q_{2-1}）、下更新统隔水组（Q_{1-2}）和底部碎石层组（Q_{1-1}）。

5.1.3.2　二叠系砂岩裂隙含水组

本组含水层分布于主要可采煤层及泥岩之间，除 1 煤层顶板砂岩较稳定外，其余均不稳定。砂岩以中细粒为主，硅质胶结，少量为铁钙质胶结，裂隙分布不均，在构造复杂地段裂隙发育。区内有漏水钻孔 13 个，但漏失时间均短暂。经 115、水 4、水 5 三孔抽水试验，水位标高 21.575 ~ 29.552 m，单位涌水量 0.000 264 ~ 0.018 L/(s · m)，渗透系数 0.000 547 ~ 0.198 m/d，导水系数 $1.68 \times 10^{-2} \sim 9.14 \times 10^{-1}$ m^2/h，水质 Cl^-、K + Na 型，水温 27 ~ 27.5 ℃，矿化度 1.48 ~ 1.77 g/L。$Q = f(s)$ 曲线均呈对数型，水位恢复缓慢，说明以储存量为主，补给水源贫乏。

5.1.3.3　太原组灰岩岩溶裂隙含水组

据钻孔资料，地层总厚度约 120 m，含灰岩 11 ~ 13 层。灰岩累厚 55 m 左右，约占总厚的 46%，除 3、4、12 三层灰岩较厚外，其余为薄层灰岩。上部 1 ~ 4 层灰岩为 1 煤层底板直接充水含水层，顶界距 1 煤层只有 11.95 ~ 21.02 m，平均 15.43 m，灰岩纯厚度 15.68 ~ 22.68 m，平均 19.46 m。岩溶裂隙分布不均，据简易水文观测资料，揭露 1 灰钻孔 55 个，漏水点 2 个，占 3.6%；2 灰钻孔 9 个，漏水点 1 个，占 10%；3 灰和 4 灰钻孔各 10 个，漏水点各 2 个，各占 20%。据水 1 孔、114 孔、137 孔三个漏水孔抽水试验，水位标高 24.895 ~ 25.653 m，单位涌水量 0.009 29 ~ 0.097 L/(s · m)，渗透系数 0.067 1 ~ 0.436 m/d，导水系数 $1.96 \times 10^{-1} \sim 48.504$ m^2/h，储水系数 1.09×10^{-3}，水质 Cl^-、K + Na 型，矿化度 1.76 ~ 1.98 g/L，水温 27 ~ 33 ℃。$Q = f(s)$ 曲线均呈对数型，水位恢复缓慢，其中 114 孔抽水结束后恢复水位 10 个月仍比抽水前静止水位低 0.645 m，表现出补给水源贫乏、储存量消耗型的特征。

5.1.3.4　断层及其富水性

全区钻孔见 > 15 m 落差的断点 68 个，据各断层破碎带取芯所见，煤系地层一般均以泥质岩屑为主，含砂岩碎块，无含水相征，也未发现泥浆漏失现象。据水 4 孔对 F_{19} 断层和 13 煤层顶板砂岩混合抽水试验，单位涌水量 0.000 264 L/(s · m)。表明 F_{19} 断层富水性很小。

太原组灰岩因互层于泥岩之中，断层切割时也未发现含水特征。据 137 孔抽水试验，历时 143 h，水位下降 39.28 m，距 137 孔 4 969 m 处的水 1 孔水位下降 0.56 m，而 114 孔抽水时，水 1 孔距 114 孔 2 563 m 无影响。说明水 1 孔和 114 孔之间的 F_{25} 和 F_{19} 两断层起阻水作用。1 煤层距 C_3L_4 底 50 m 左右，当断层落差 > 50 m 时，一盘的 1 ~ 4 层灰岩与另一盘的二叠系煤系泥岩接触，形成“阻水墙”，使地下水水平运动受阻，故在自然状态下，凡断层落差 > 50 m 的二叠系一侧，相对地均起阻水作用。但是，煤层开采以后，地下水头压力失去了均衡，因工程地质原因，往往断层破碎带成为突水口，所以在煤层与灰岩对口

的部位必须采取措施,以确保安全开采。

5.1.3.5 各含水层之间的水力联系

第四系全新统弱含水组(Q_4)以大气降水和地表水补给为主,季节性变化明显,为上更新统含水组(Q_3)的越流补给水源。

上更新统含水组(Q_3)与中更新统含水组(Q_{2-1})之间,为一黏土层间隔,二者之间除局部地段可产生越流因素外,一般无直接水力联系。

中更新统含水组(Q_{2-1})与主要可采煤层间砂岩裂隙含水层及灰岩岩溶裂隙含水层之间,在下更新统隔水组尖灭区内直接接触,从定性分析来看,存在互补关系,但据抽水资料判别,二者之间关系并不密切。当基岩含水层(水 4 孔、水 5 孔、115 孔、水 1 孔、114 孔、137 孔)抽水时,Q_{2-1}下部观测孔(水 2 孔、水 3 孔)水位均无影响。另外,就基岩含水层本身而言,流量、水位均呈单一方向衰减,为补给水源不充分所致,也可说明基岩古风化壳在漫长的沉降过程中,经过水的溶融和后期沉积物的充填胶结作用之后,形成相对的阻水层,一般厚度 1 ~ 3 m,在自然状态下,二者之间的水力不能贯通。建矿后,由于矿井排水,使二者之间的水位差增大,将产生渗入补给,但补给量受基岩含水层的渗透性所控制。在下更新统隔水组分布区内,其隔水性可靠,二者之间无水力联系。

太原组 1 ~4 层灰岩岩溶裂隙含水层和第四系中更新统孔隙含水组下段,经长期地下水位动态观测,有同步下降的趋势,但下降幅度有所区别,自 1985 年 8 月至 1986 年 8 月共一年的时间,Q_{2-1}下段含水层水位下降 0.31 ~0.32 m,C_3L_1 ~ C_3L_4 灰岩含水层水位下降 0.267 m,但两者的 $Q=f(s)$ 曲线有明显差异,从区域资料分析,不同层位的水位也有下降的趋势,故本区二者之间的水位同步下降原因不明,是否受邻区矿井排水影响,有待今后落实。

太原组灰岩含水层与二叠系砂岩含水层之间,为 15 m 左右泥岩及砂泥岩互层间隔。根据二叠系 6 ~7 煤层间和 13 煤层顶板砂岩含水层水 4 孔、水 5 孔、115 孔三孔抽水试验,太原组 1 ~7 层为灰岩含水层,水 1 孔水位观测均无影响,说明二者之间无明显水力联系。但据淮南生产矿井的实践,随着 1 煤层开采水平的延深和矿坑水的疏干,灰岩水头作用于 1 煤层底板岩层的压力随之增大,按经验数值,每米厚岩层可抗 1 kg/cm^2 的压力,因此二者之间在自然状态下无直接水力联系,一旦 1 煤层开采,破坏了地下水的动力平衡,必然产生底板突水的危害,尤其是煤层与灰岩对口断层部位更要注意。

5.1.3.6 水文地质类型

如前所述,各含水组之间的水力特征、水化学性质均存在分异现象,矿床富水性弱。水文地质类型如下:4 ~17 煤层属裂隙类充水矿床,水文地质条件简单,1 煤层属岩溶裂隙底板进水为主类充水矿床,水文地质条件从抽水资料分析为简单,但考虑到灰岩水头压力较大而且以突水方式进入矿坑,故为中等。

5.2 121101 工作面地质及水文地质条件

5.2.1 121101 工作面概况

5.2.1.1 工作面范围、位置关系、地表情况

该面近走向布置。西起设计停采线(东二 11 -2 煤采区轨道上山保护煤柱线),东至

F_{30}断层保护煤柱线，南邻1102工作面，北至11－2煤防水煤柱线。工作面轨道顺槽标高－532～－483 m，工作面胶带顺槽标高－572～－540 m。本面对应地表多为农田，济河在本面上方通过，地面标高＋25.0～＋25.6 m。

5.2.1.2　**煤层及其顶底板**

1. 煤层

1）11－1煤层

11－1煤层煤厚0～1.21 m，面积可采率只占全区的30%，为不稳定煤层。工作面切眼以西645 m范围内平均煤厚0.96 m。

2）11－2煤层

11－2煤层全区稳定可采，煤厚2.86～4.0 m，平均3.54 m。工作面设计切眼以西约645 m，煤层分叉为两层煤，轨道顺槽、胶带顺槽施工时宜跟分叉的上部煤层顶板施工。

2. 煤层顶、底板岩性特征

1）11－2煤层顶板岩性

11－2煤层直接顶为砂质泥岩或细砂岩。回采面西段为厚约0.9 m的砂质泥岩，中段为厚3.95 m的细砂岩，东段为厚5.15 m的砂质泥岩。11－2煤层老顶为细砂岩、粉砂岩或中砂岩。回采面西段为厚7.15 m的细砂岩，中段为厚2.26 m的粉砂岩，东段为厚2.04 m的中砂岩。细砂岩，灰至灰白色，主要成分以石英为主，长石次之，含较多的菱铁质矿物，层面有泥炭质及少量白云母片，分选及磨圆度中等，垂直节理发育，裂隙充填有方解石脉，硅钙质胶结。砂质泥岩呈深灰色，致密，性脆，含植物化石碎片。粉砂岩，深灰色，致密，厚层状。

2）11－2煤层底板岩性

11－2煤层在工作面中部的底厚为0.87 m的碳质泥岩和厚0.45 m的11－1煤层，11－2煤层的直接底为砂质泥岩、泥岩或黏土岩。回采面西段为厚5.03 m的砂质泥岩，中段为厚3.38 m的泥岩，东段为厚3.07 m的黏土岩。11－2煤层的老底为砂质泥岩、细砂岩或粉砂岩。回采面西段为厚5.64 m的砂质泥岩，中段为厚1.32 m的细砂岩，东段为厚1.87 m的粉砂岩，根据15勘探线的底板综合柱状图如图5-2所示。

5.2.2　121101工作面地质构造

121101工作面总体构造形态为一单斜构造，煤层走向近东西，倾向南，走向上起伏较小。边界断层F_{19}、F_{30}、F_{31}，工作面切眼以西490 m有一条倾向断层F_{32}，具体产状如表5-1所示。

表5-1　121101工作面断层情况一览表

断层编号	性质	倾向(°)	倾角(°)	落差(m)	备注
F_{30}	正	NW～W	50～70	20～30	影响采区划分和工作面布置
F_{31}	正	SE	55～78	40～50	影响采区划分和工作面布置
F_{19}	正	NW	38～89	120～130	影响采区划分和工作面布置
F_{32}	正	NW	30～77	6～10	影响工作面开采

121101工作面东临F_{30}断层，该断层落差20～30 m，根据初步设计要求，其防水煤柱

宽度按 50 m 留设。

地层单位 系	地层单位 组	柱状 (1 : 200)	层厚 (m)	累厚 (m)	岩石名称	岩性描述
二叠系	上石河子组	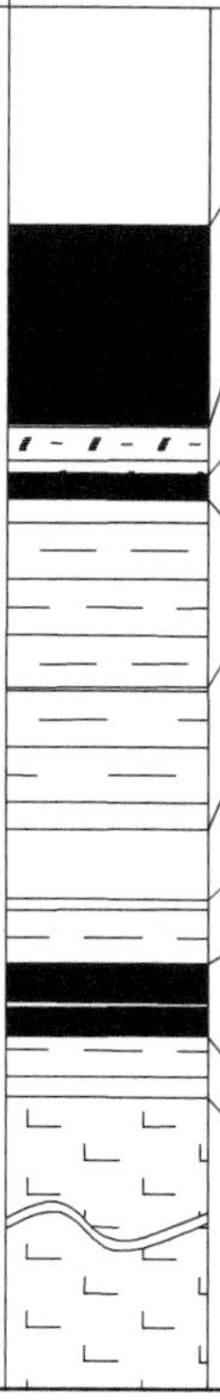	3.95	38.72	细砂岩	灰至灰白色，成分以石英为主，长石次之，含暗色矿物及白云母碎片，分选、磨圆中等，泥至硅质胶结
			3.57	42.29	11-2煤	黑色，以粉末状为主，少量块状，由亮煤、暗煤及少量镜煤组成，弱玻璃光泽，属半暗至半亮型煤
			0.87	43.16	炭质泥岩	灰至浅灰色，致密，具柔性
			0.45	43.61	11-1煤	黑色至褐黑色，性脆，易碎
			3.38	46.99	泥岩	灰色，致密，性脆，含有根茎碳化的化石
			2.54	49.53	砂质泥岩	深灰色至灰黑色，致密，块状，性脆，细腻，断口平坦，上部见植物化石碎片，局部具滑面，微含炭质
			1.32	50.85	细砂岩	灰至灰白色，成分以石英为主，长石次之，含暗色矿物及白云母碎片，分选、磨圆中等，泥至硅质胶结
			1.17	52.02	泥岩	灰色，致密，性脆，断口平坦
			0.66 (0.09) 0.52	53.29	10煤	黑色，粒状、粉末状及少量块状，由亮煤、暗煤及镜煤组成，玻璃光泽，属半亮型煤
			1.13	54.42	泥岩	灰色，致密，性脆，含植物根茎化石
			16.91	71.33	石英砂岩	灰白色，成分以石英为主，含少量长石、白云母碎片及暗色矿物，局部含菱铁矿薄膜，弱油脂光泽，细粒分选磨圆中等，硅质胶结，具水平层理

图 5-2 底板综合柱状图

121101 工作面轨道顺槽、胶带顺槽过 F_{32} 后接近 F_{30} 断层时，小构造相对较发育，层滑特征明显；F_{32} 断层对巷道的掘进有较大的影响，F_{32} 断层以东部分构造发育、煤厚变薄，增加了掘进难度。

5.2.3 工作面开采的水文地质条件

11－2 煤顶板各含水层多以静储量水为主，接受第四系松散层少量的动水补给。中央轨道石门揭露 11－2 煤顶板各含水层时，砂岩裂隙发育，巷道顶板多处淋水，巷道施工时锚杆和锚索打到老顶细砂岩时，也会有滴水、淋水现象，距 11－2 煤底板 12～16 m 有一层厚 11～20 m 的石英砂岩，裂隙发育，2007 年 2 月 18 日东 121104 工作面风巷施工时，发生 11－2 煤底板石英砂岩滞后突水，最大突水量达到 280 m^3/h，东 121101 工作面风、机巷施工时，11－2 煤底板的石英砂岩含水层水仍然是防范的重点。在回采时 11－2 煤顶板砂岩水将表现为局部出水现象，且具有来势猛、去得快的特点。11－2 煤顶板预计冒裂高度 45～61 m，冒裂高度范围内含多层细砂岩、粉砂岩、中砂岩及石英砂岩，厚度平均为 25.0 m。在褶曲轴部及小断层附近可能赋存砂岩裂隙水，回采时可能突然涌出造成危害，11－2 煤底板的石英砂岩裂隙水对东 121101 工作面的采掘构成威胁。

6　底板水害防治工程应用

矿井水害防治应遵循“预测预报,有疑必探,先探后掘(采),先治后采”的综合治理原则,并根据水害实际情况制定相应的防治措施,合理地采取“防、堵、疏、排、截”综合防治措施。概括地讲,矿井水害防治技术包括矿井水害评价、矿井水文地质条件探查及矿井水害治理等,下面就国投新集刘庄煤矿 121101 工作面底板水按照以上三个步骤展开底板水害的防治应用。

6.1　底板突水评价

矿井水害评价中主要包括突水预测预报技术和涌水量计算与评价。而底板突水的准确预测预报是保障承压水安全开采的关键,涌水量预测为矿井防治水决策方案的制订直接提供定量的科学依据。这里采用第 4 章中的“采场底板突水判测系统”进行 121101 工作面底板水害评价。

121101 工作面完整底板水害评价如下所述。

6.1.1　回采底板破坏型突水预测

将 121101 工作面按底板岩性和地质构造划分为东(切眼至 15 勘探线 0 ~ 896 m)、西(15 勘探线至停采线 896 ~ 1 501.6 m)两部分,并分别进行突水预测预报。取参数如下。

6.1.1.1　**煤层特性**

煤层开采深度 H =560 m(西)或 476 m(东),煤层采厚 m =4 m(西)或 3.8 m(东),煤层倾角为 14°(西)或 15.9°(东),煤层内摩擦角 φ =20°,煤层内聚力 C_m =1 MPa,应力集中系数 $n=3$。

6.1.1.2　**底板岩性**

底板岩石平均抗剪强度 τ_0 =10 MPa,底板岩体平均抗拉强度 =7 MPa,底板岩体内摩擦角 φ_0 =40°,底板岩石容重 γ =26 000 N/m^3,底板岩石泊松比 ν =0.35,底板采动裂隙带与有效隔水层带厚度之和 h =18 m(西)或 12 m(东)。

6.1.1.3　**其他**

所研究区域长 L_x =192.8 m,所研究区域宽 L_y =95 m,底板水压力 P =5.67 MPa。

运行“采场底板突水判测系统”,输入相应的参数,得到预测结果如表 6-1 所示。

6.1.2　回采底板破坏型突水涌水量预测

使用大井法预测 121101 工作面涌水量,取参数如下:

井中水位降深 s =579 m,含水层厚度 M =15.8 m,含水层渗透系数 K =0.035 m/d,工作面倾向长度 a=192.8 m,工作面走向长度 b=1 501.6 m,则涌水量预测结果为:

表 6-1 预测结果

工作面划分	经验公式		理论公式	
	突水系数法	阻水系数法	极限压力法 Ⅰ	极限压力法 Ⅱ
西部	突水	突水	突水	突水
东部	突水	突水	突水	突水

注:这里就不需要进行 D－S 证据理论底板突水决策了,因为预测的结果一致,都为突水。

工作面正常涌水量 $Q_{正常} = 56\ m^3/h$。

工作面最大涌水量 $Q_{最大} = a \times Q_{正常} = 2.3 \times 56 = 128.8\ (m^3/h)$。

式中 $Q_{最大}$——工作面最大涌水量,m^3/h;

a——$Q_{最大}$与$Q_{正常}$关系系数,取 2.3(类比谢桥煤矿)。

根据地勘说明书,工作面内没有大断层,因此这里就不对断层是否突水进行预测了。

6.2 水文地质条件探查

6.2.1 水文地质条件探查方法

水文地质条件探查工作具体探查内容包括:影响采矿的含水层及其富水性、隔水层及其阻水能力、构造及“不良地质体”控水特征、老窑分布范围及其积水情况等。传统技术和手段在以往矿井水文地质勘探中发挥了极为重要的作用,但随着科学技术的进步和发展,特别是电子技术、计算机技术的突飞猛进,使水文地质勘探技术和手段发生了质的飞跃。目前,矿井水文地质探查手段包括水文地质试验技术、地球物理勘探技术、地球化学勘探技术、钻探技术及监测测试技术等,这些技术方法和手段及其综合应用已能比较好地解决矿井水文地质勘探中的大部分问题。

就目前看来,在众多的矿井水探测方法中,地球物理勘探方法有着无可比拟的优势。下面简要介绍一下在煤矿防治水中应用较多的几种方法。

6.2.1.1 地震探测技术

此技术包括二维和三维地震勘探,是探查构造及“不良地质体”的最有效方法。可用于查明潜水面埋藏深度,查明落差大于 5 m 的断层,查明区内幅度大于 5 m 的褶曲,查明区内直径大于 20 m 的陷落柱,探明区内煤系地层底部奥陶系灰岩顶界面及岩溶发育程度,探测采空区和岩浆侵入体,查明基岩起伏形态、古河道、古冲沟延伸方向,了解基岩风化带厚度等。

6.2.1.2 瞬变电磁探测技术

该技术是地面探测含水层及其富水性、构造及其含水性情况、老窑及其积水多少的主要手段。

6.2.1.3 高密度电阻率法探测技术

该技术实现了地下分辨单元的多次覆盖测量,具有压制静态效应及电磁干扰的能力,对施工现场适应性强，可准确直观地展现地下异常体的赋存形态，是地面、井下探测岩溶、老窑及其他地下洞体的首选方法。

6.2.1.4　直流电法探测技术

该技术地面和井下皆可使用，主要用于巷道底板富水区探测，底板隔水层厚度及原始导高探测，掘进头和侧帮超前探测，导水构造探测，潜在突水点、老窑积水区及陷落柱探测等。

6.2.1.5　音频电穿透探测技术

该技术由于探测深度的限制，一般只用于井下。主要用于采煤工作面内及底板下100 m内的含水构造及其富水区域平面分布范围富水块段深度探测，工作面顶板老窑、陷落柱、松散层孔隙内含水情况及平面分布范围探测，掘进巷道前方导水、含水构造探测，注浆效果检查等。

6.2.1.6　瑞利波探测

该技术可用来探测断层、陷落柱、岩浆岩侵入体等构造和地质异常体，以及煤层厚度、相邻巷道、采矿区等，探测距离为80～100 m。

6.2.1.7　钻孔雷达探测技术

该技术原理是通过钻孔探查岩体中的导水构造、富水带等。

6.2.1.8　地震槽波探测技术

该技术可用来探明煤层内小断层的位置及延伸方向、陷落柱的位置及大小、煤层变薄带的分布，可进行井下高分辨率二维地震勘探，探测隔水层厚度、煤层小构造及导水断裂等。

6.2.2　高密度电法的工程应用

6.2.2.1　高密度电阻率法的基本原理

1. 岩石电阻率及其影响因素

由物理学知道，表征物质导电性好坏的物理参数是电阻率 ρ。电阻率是岩石的重要参数，它表示岩石不同的导电特性。电阻率是这样的一个物理量：当电流在一种材料中均匀分布时，它的电阻率在数值上等于该种材料所组成的边长为1 m的立方体所呈现的电阻，常用的单位为 Ω · m。有时也用电导率 σ 表示物质的导电性，电导率和电阻率互为倒数。显然，物质电阻率越低，电导率越大，其导电性越好；反之，其导电性越差。

天然状态下的岩石具有非常复杂的结构与组分。为了方便，在电法探测中，可以近似地把岩石模型看成是由两相介质构成的，即由矿物骨架（固相）和水（液相）所构成。因此，不仅组分不同的岩石会有不同的电阻率，即使组分相同的岩石，也会由于结构及含水情况的不同，而使其电阻率在很大的范围内变化。

一般情况下，火成岩电阻率最高，其变化范围在 $10^2 \sim 10^5$ Ω · m。变质岩的电阻率也较高，其变化范围大体与火成岩类似，只是其中的部分岩石如泥质板岩、石墨片岩等稍低些，在 $10^1 \sim 10^3$ Ω · m。沉积岩的电阻率最低，然而，由于沉积岩的特殊生成条件，这一类岩石其电阻率变化范围也相当大，砂页岩电阻率较低，而灰岩电阻率却相当高，可达 $n \times 10^7$ Ω · m，而且沉积岩导电性主要取决于含水性，而与其组成成分关系并不密切。如第四系砾石层，在非常干燥的情况下，电阻率可达 $n \times 10^3 \sim n \times 10^5$ Ω · m，当它饱水，特别是饱含高矿化度地下水时，电阻率可能降至 $n \times 10^1\ \Omega \cdot m$。上述三类岩石电阻率的变化固然与其矿物成分有关，但在很大程度上取决于它们的孔隙度或裂隙度以及其中所含水分的多少。

在自然条件下影响岩石电阻率的因素很多，主要的有下列几个方面。

1）组成岩矿石的矿物成分及结构、构造

岩石是由一种或多种矿物组成的，因此岩石的电阻率便直接与组成岩石的矿物的电阻率有关。另外，岩石的电阻率还主要取决于岩石中矿物的结构即矿物的相互连通性。对于一般岩石来说，矿物骨架的电阻率是很高的。但由于天然状态下的岩石在长期的地质历史过程中，受内外动力地质作用而出现裂隙以及裂隙中含水等，使得一般岩石的电阻率要低于其所含矿物的电阻率。

2）岩（矿）石的含水性及岩石的孔隙和裂隙

岩石电阻率与其含水性有密切关系，岩石和岩层所含水分多少及其在岩层中存在的状态是决定其电阻率大小的主要因素。当水溶液在岩石中是分散和不连通的方式存在时，对岩石电阻率影响较小；当水溶液呈互相连通的状态分布时，则对岩石电阻率影响很大，使岩石电阻率大大降低。

岩石中水溶液的电阻率与所含盐类的浓度有明显关系，含盐度（矿化度）大，电阻率显著降低。因此，在岩性变化不大的条件下，有可能在地面和井中应用电阻率的差异来划分含有咸、淡水的层位。

一般比较致密的岩石，孔隙度较小，所含水分也较少，因而电阻率较高；结构比较疏松的岩石，孔隙度较大，所含水分也较多，因而电阻率较低。孔隙、裂隙的存在对坚硬岩石的电阻率影响很大。若在潜水面以下，它们充填了不同矿化度的地下水，同完整的岩石相比，它们的电阻率可降为原来的几十分之一。若裂隙或溶洞为再沉积的黏土物质所充填，电阻率可降得更低。若孔隙、裂隙、溶洞处于潜水面以上，空隙充填电阻率无限大的空气，则电阻率剧增。

第四系松散沉积冲积物，它们的电阻率与孔隙度和富水性的关系比较复杂。干的沙砾石电阻率高达几百至几千欧姆·米，饱水后电阻率显著下降。在同样饱水的情况下，粗颗粒的沙砾石电阻率比细颗粒的高。

3）岩石（层）的层理关系

大部分沉积岩和变质岩具有层理和片理构造，如泥岩、片岩、板岩及组成煤系地层的岩石，它们互相交替组成薄的岩层。在沿层理方向和垂直层理方向导电性不同。在电法探测中把这种随方向不同而导电性也不同的现象称为岩石电阻率的各向异性。

4）温度

一般说来，当岩石所处的外界温度升高时，电阻率降低。这是由于温度的变化将引起岩石中所含水溶液的离子活动性的变化，所以岩石中水溶液的电阻率也将随温度的升高而降低。在地热勘探中，正是利用这一特性来圈定地热异常的。相反，在冰冻条件下，地下岩石中的水溶液将由于结冻，使岩土呈现出极高的电阻率。

5）岩体受力变形

岩体受力变形后，岩性虽然没变，但岩石颗粒之间的结构状态发生变化，孔隙含水情况发生变化，因而岩体电阻率也发生变化。

2. 电阻率法的基本原理

电阻率法是以不同岩（矿）石之间导电性差异为基础，通过观测和研究人工电场的地下分布规律和特点，实现解决各种地质问题的一组物探方法。这组方法是电法勘探中的一个重要分支。方法的实质是通过接地电极在地下建立电场，以电测仪器观测因不同导电地质体存在时地表电场的变化，从而推断和解释地下地质体的分布或产状，达到解决地质问题的目的。

电阻率是表征物质导电性的基本参数，某种物质的电阻率实际上是当电流垂直通过由该物质所组成的边长为 1 m 的立方体时而呈现的电阻。电阻率的单位采用欧姆 · 米来表示（或记作 Ω · m）。

假设待测区域内，大地电阻率是均匀的。对于测量均匀大地电阻率值，原则上可以采用任意形式的电极排列来进行，即在地表任意两点（A、B）供电，然后在任意两点（M、N）来测量其间的电位差，根据式（6-1）便可求出 M、N 两点的电位

$$U_M = \frac{I\rho}{2\pi}\left(\frac{1}{AM} - \frac{1}{BM}\right) \tag{6-1}$$

$$U_N = \frac{I\rho}{2\pi}\left(\frac{1}{AN} - \frac{1}{BN}\right) \tag{6-2}$$

显然，A、B 点在 M、N 点间所产生的电位差

$$\Delta U_{MN} = \frac{I\rho}{2\pi}\left(\frac{1}{AM} - \frac{1}{AN} - \frac{1}{BM} + \frac{1}{BN}\right) \tag{6-3}$$

由式（6-2）可得均匀大地电阻率的计算公式为

$$\rho = K\frac{\Delta U_{MN}}{I} \tag{6-4}$$

式中　$K = \dfrac{2\pi}{\dfrac{1}{AM} - \dfrac{1}{AN} - \dfrac{1}{BM} + \dfrac{1}{BN}}$。

式（6-4）即为在均匀大地的地表采用任意电极装置（或电极排列）测量电阻率的基本公式。其中 K 为电极装置系数（或电极排列系数），是一个只与电极的空间位置有关的物理量。考虑到实际的需要，在电法勘探中，一般总是把供电电极和测量电极置于一条直线上，图 6-1 所示的电极排列形式，称为对称四极装置。

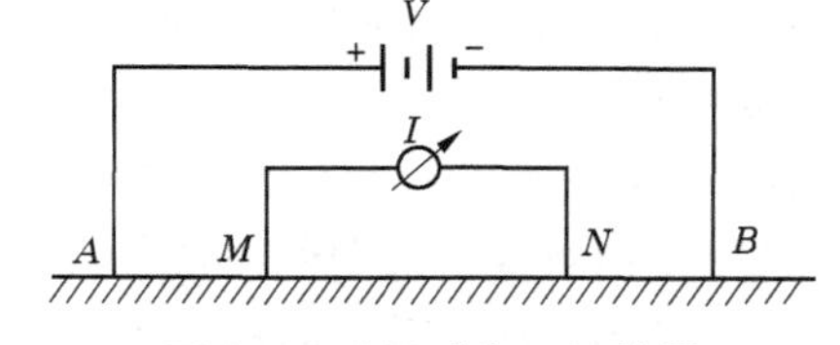

图 6-1　利用对称四极装置测量均匀大地电阻率

式（6-4）的应用条件是：地面为无限大的水平面，地下充满均匀各向同性的导电介质，满足这些条件得到的才是大地电阻率。然而，实际上常常不能满足这些条件，地形往往起伏不平，地下介质也不均匀，各种岩石相互重叠，断层裂隙纵横交错，或者有矿体充填其中。这时，仍然用四极法测量，由式（6-4）算得的电阻率值，在一般情况下既不是围岩电阻率，也不是矿体电阻率，我们称其为视电阻率，用 ρ_s 表示，即

$$\rho_s = K\frac{\Delta U_{MN}}{I} \tag{6-5}$$

式中 K 仍由式(6-4)确定,无论地面是否起伏不平,AM、AN、BM、BN 等分别表示 A、B 和 M、N 间的水平距离。

视电阻率虽然不是岩石的真电阻率,但却是地下电性不均匀体和地形起伏的一种综合反映。故可利用其变化规律以发现和探查地下的不均匀性,达到找矿和解决其他地质问题的目的。由于视电阻率是电阻率法的一个基本参数,因此下面较详细地讨论其定量分析公式和物理意义。

在野外工作中,虽然用式(6-5)计算视电阻率 ρ_s,但在分析资料或分析视电阻率与地电断面的关系时,常需将 ρ_s 与地中电场的分布联系起来,特别是与地表的电阻率、电流密度及电场强度等联系起来认识。式(6-5)中的电位差可表示为

$$\Delta U_{MN} = \int_N^M E_{MN}\mathrm{d}l = \int_N^M j_{MN}\cdot\rho_{MN}\mathrm{d}l$$

式中 E_{MN}、j_{MN}——测量电极间任意点沿 MN 方向的电场强度分量和电流密度分量;

ρ_{MN}——测量电极间的任意点的岩石电阻率;

$\mathrm{d}l$——测量电极间任意点沿 MN 方向的长度单元。

将上式代入式(6-5)可得

$$\rho_s = \int_N^M E_{MN}\mathrm{d}l = \frac{K}{I}\cdot\int_N^M j_{MN}\cdot\rho_{MN}\mathrm{d}l \tag{6-6}$$

式(6-6)对任何布极形式和电极间的距离以及地下任何不均匀情况均适用。它清楚地表明,视电阻率在数值上与 MN 间沿地表的电流密度和电阻率的分布有关,而地表电流密度的分布,既受地表电阻率分布影响也受地下电性不均匀体的影响。因此,在电极排列一定的条件下,ρ_s 的变化由地表及地下电阻率分布所决定。

当 MN 很小时,可将 MN 范围内的电场强度视为不变,式(6-6)可化为

$$\rho_s = \frac{K}{I}\cdot E_{MN}\cdot MN = \frac{K\cdot MN}{I}j_{MN}\cdot\rho_{MN} \tag{6-7}$$

为了与无矿情况下的正常电场相比较,设地面水平,地下均匀各向同性岩石的电阻率为 ρ,MN 间的电流密度为 j_0,此时式(6-7)可写成

$$\rho_s = \frac{K\cdot MN}{I}j_0\cdot\rho$$

因讨论的是均匀介质,故 ρ_s 应等于 ρ,于是便有

$$\frac{K\cdot MN}{I} = \frac{1}{j_0} \tag{6-8}$$

将式(6-8)代入式(6-7)得

$$\rho_s = \frac{j_{MN}}{j_0}\rho_{MN} \tag{6-9}$$

式(6-9)称为视电阻率的微分形式,在分析一些理论计算、模型试验及野外地面观测结果时,经常要用到。

式(6-9)表明,视电阻率 ρ_s 与测量电极 M、N 间的岩石电阻率 ρ_{MN} 及电流密度 j_{MN} 成正

比。由此，可看出在左边无矿地段 $j_{MN}=j_0$，所以 $\rho_s>\rho_1$。在高阻体顶上，矿体向外排斥电流，使得测量电极 M、N 间的电流密度 $j_{MN}=j_0$，故 $\rho_s>\rho_1$，在高阻体顶上出现大于正常背景的极大值；在高阻体两侧，虽然 $\rho_{MN}=\rho_1$，但 $j_{MN}<j_0$，故 $\rho_s<\rho_1$，即在高阻体两侧出现小于正常背景（ρ_1）的两个不明显的极小值。在右边的低阻矿体顶上，矿体吸引电流的作用，使矿体顶部 $j_{MN}<j_0$，于是 $\rho_s<\rho_1$，故在低阻矿体顶上出现小于正常背景的极小值。而在其两侧，因为 $j_{MN}>j_0$，于是 $\rho_s>\rho_1$，所以在低阻矿体两侧出现大于正常背景的不明显的极大值。由上述分析可见，利用视电阻率的微分形式分析 ρ_s 曲线的变化规律简单、清楚。

这样，通过在地表观测视电阻率的变化，便可揭示地下电性不均匀地质体的存在和分布。这就是电阻率法能够解决有关地质问题的基本物理依据。显然，视电阻率的异常分布除了与地质对象的电性和产状有关，还与电极装置有关。

3. 电剖面法和电测深法

根据所研究地质问题的不同，电阻率法主要可划分为两种类型，即电剖面法和电测深法。

1）电剖面法

电剖面法是电阻率法的一种，是保持供电电极和测量电极间距不变，沿测线方向进行视电阻率测量，根据视电阻率 ρ_s 的变化来推断该剖面的地下地质情况的电阻率法探测，统称为电剖面法。

方法原理：用电剖面法工作时，将两个供电电极 A、B 和两个测量电极 M、N 排列在一条测线上，选定它们之间的距离，固定不变。每观测完一个测点就把四个电极同时向前移动一个点距，继续观测，直到测完一条线。电剖面法的观测成果反映了某一个深度范围内视电阻率沿测线方向上的变化。这样，就可以把垂直的电性分界面划分出来，如图 6-2 所示。

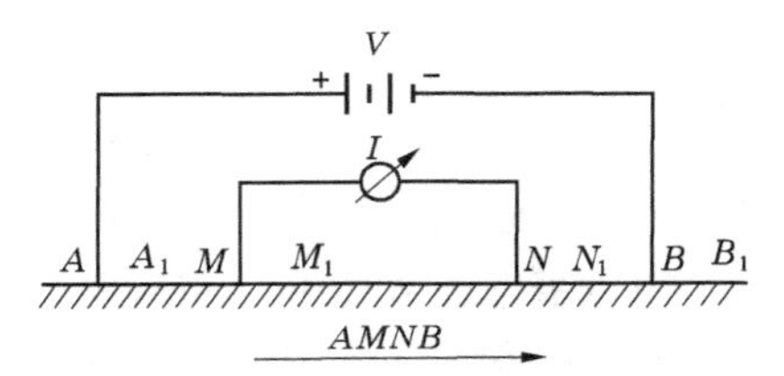

图 6-2　电剖面法工作原理示意图

2）电测深法

电测深法是测量观测点下垂直方向上视电阻率 ρ_s 的变化，借以研究地下不同深度的岩层分布状况的一种电阻率方法。

方法原理：在电测深法工作中，通常采用对称四极装置，供电电极 AB 供电后，地下空间形成一个人工电流场，大部分电流集中在 ACB 半球内流通。逐渐增大 AB 间的距离到 A_1B_1 和 A_2B_2，电流就流向地下更深处，集中到更大的半球体 $A_1C_1B_1$ 和 $A_2C_2B_2$ 内。这样，如果保持测量电极 MN 不动，逐渐增大供电电极 AB 的距离，电流线的分布范围就广，到达的深度就大，如图 6-3 所示。

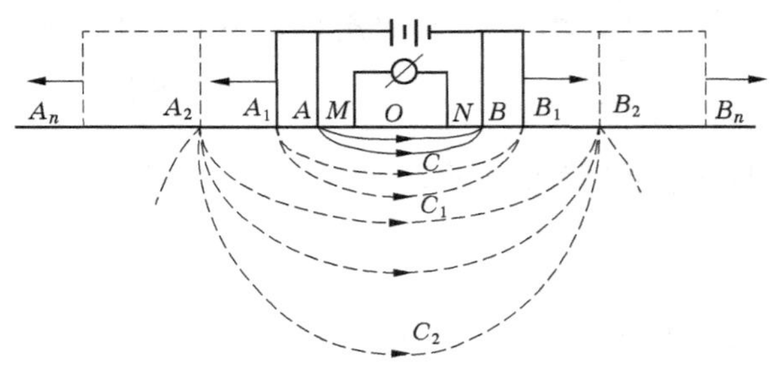

图 6-3　电测深法工作原理示意图

从图 6-3 可见，AB 之间距离较小时，大部分电流将从靠近浅部的岩层中流过。这时测出的ρ_s值将几乎等于近浅部岩层的电阻率。增大AB间的距离,使相当一部分电流流经深部岩层,则可测出深部岩层的视电阻率。由此可见,增大供电电极距,可以测到不同深度的视电阻率ρ_s值,它反映了测点处从浅部到地下一定深度处的岩层电性的变化情况,这就是电测深法的基本原理。

6.2.2.2　数据采集工作方法

高密度电阻率的基本原理与传统的电阻率法完全相同,是电剖面法和电测深法的组合,因此它仍然是以岩土体的导电性差异为基础的一类电探方法,研究在施加人工电场的作用下,地中传导电流的分布规律。高密度电法与传统电阻率法的不同之处体现在野外工作方式上。

图6-4为高密度电阻率勘探系统的结构示意图,它包括数据的采集和资料的处理两部分。

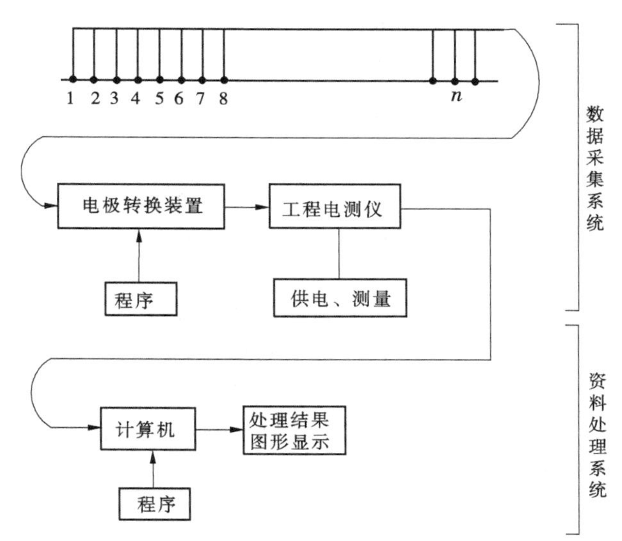

图6-4　高密度电阻率勘探系统结构示意图

现场测量时,只须将全部的电极设置在一定间隔的测点上,然后用多芯电缆将其连接到程控式电极转换开关(见图6-5)。程控式电极转换开关是一种由微电机控制的电极自动换接装置,转换开关在步进电极的带动下,由程序控制而动作,从而实现电极排列方式、极距和测点的快速转换。

测量信号由转换开关送入微机工程电测仪,并将测量结果依次存入随机存储器或收录在磁带上。将数据回放并送入微机,便可根据需要,按给定程序对原始资料进行处理并给出相应的图示结果。这样就可利用高密度电阻率法在现场准确快速地采集大量数据,以及对采集的数据进行各种处理及结果图示。

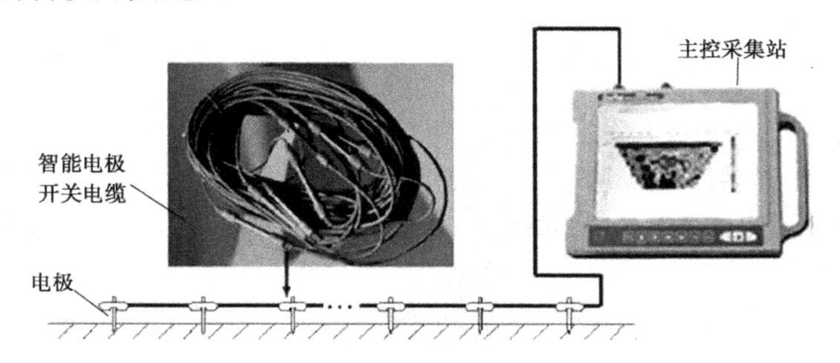

图6-5　高密度电阻率法野外工作示意图

6.2.2.3 不同装置形式及其特点

根据供电电极和测量电极的空间位置关系，归纳出几种装置形式：温纳（Winner）装置、偶极装置、二极装置、三极装置和施伦贝谢尔（Schlumberger）装置等。这些方法具有各自的优缺点以及相应的限制条件，因此在实际工作中，应该根据具体解决实际问题情况、测试场地的地电条件和地形条件，选择比较合理的装置形式进行。

1. 温纳装置

温纳装置如图 6-6 所示。

装置系数 $K = 2\pi na$，其中 a 为电极间距，$AM = MN = NB = na$，测量时将 MN 范围内测得的视电阻率标在 MN 中点下。

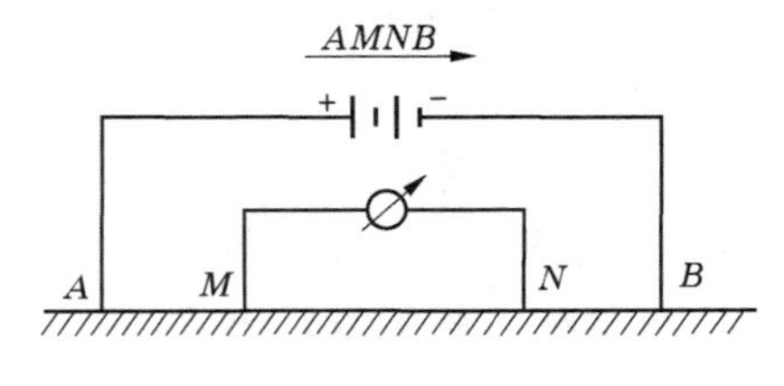

图 6-6 温纳装置示意图

温纳装置对整个排列中间部分的地下垂直电阻率变化有较强的敏感性，对地表以下的横向电阻率变化就不怎么敏感了。通常，该装置探测垂直变化的结构（如水平层状结构）较为适用，对水平变化的结构（如较窄的垂直结构）能力稍差。用温纳装置探测的中间深度大约是 0.5 倍的"a"值，相对于其他装置形式来说，这个深度比较适中。

温纳装置的信号强度同装置系数成反比。温纳装置的装置系数是 $2\pi a$，这比其他装置的装置系数都要小。在常用的几种装置形式中，温纳装置的信号强度最强，在地电干扰很强烈的情况下，温纳装置是一个很好的选择。不过，温纳装置的数据排列图形为梯形，进行二维勘探时，深度越深，水平覆盖越小，因此如果极距过大，则探测的有效宽度较窄。在电极很少的情况下，会成为困扰。

2. 偶极装置

偶极装置如图 6-7 所示。

装置系数 $K = \pi n(n+1)(n+2)a$，其中 a 为电极间距，n 为隔离系数，$AB = MB = a$，$BM = na$。

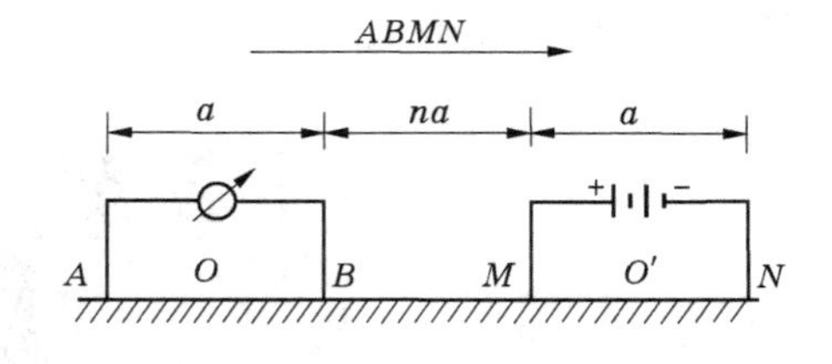

图 6-7 偶极装置示意图

由于供电电路和测量电路之间的电磁耦合较好，这种装置曾广泛应用，并至今还应用在考虑地形因素的探测中。供电电极对之间的距离"a"与测量电极对之间的距离相同，BM 之间的距离同 AB（或 MN）之间距离的比值称为"n"。对这种装置形式来说，"a"值是固定的，"n"值可以随着调查深度的加大，从 1 提升到 2、3，甚至 6。电阻率值变化最灵敏的位置在 AB 电极对和 MN 电极对之间，这意味着这种装置形式对偶极对之间的电阻率变化非常敏感，灵敏性等高线几乎是垂直的。因此，偶极装置形式对水平方向的电阻率变化非常敏感，但是对垂直方向的电阻率变化就不那么敏感。这就意味着这种装置形式在探究纵向结构，如沟壑和洞穴时效果比较好，探究横向结构，如岩床和沉积层时效果就稍差。偶极装置的探测深度取决于"n"值和"a"值。一般来说，这种装置探测深度比温纳装置要浅，但是在二维调查中，它比温纳装置的水平有效探测宽度要宽。

3. 微分装置

微分装置如图 6-8 所示。

测量时，$AM = MB = BN$ 为一个电极间距，A、M、B、N 逐点同时向右移动，得到第一条断面线；接着 AM、MB、BN 增大一个电极间距，A、B、M、N 逐点同时向右移动，得到另一条断面线；这样不断扫描测量下去，得到倒梯形断面。

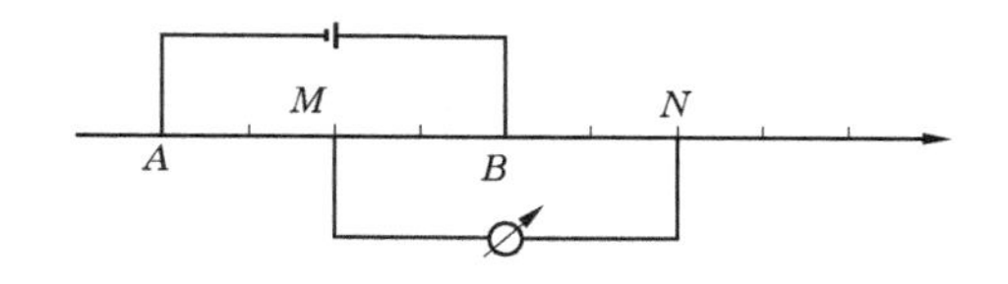

图 6-8　微分装置示意图

4. 其他装置

在高密度电阻率勘探装置中，除了上面所提到的温纳装置、偶极装置、微分装置，还有几种装置形式，如下面所述的二极装置、三极装置、施伦贝谢尔装置等。

1）二极装置

高密度电阻率法二极装置电极排列的采集原则是将一个供电电极 B 极和测量电极 N 极置于“无穷远”，然后 A 电极供电，M 电极依次进行电位测量。二极装置的装置形式的工作示意图如图 6-9 所示。

装置系数 $K = 2\pi na$，其中 a 为电极间距，n 为隔离系数，$AM = na$。每次测量的数据点放在供电电极 A 和测量电极 M 的正中间。

在实践中，理想的二极装置中的无穷远是不存在的。为了近似做到二极装置，供电电极 B 和测量电极 N 必须放置到大于 20 倍的 AM 最大距离之外的地方，这样才能保证误差小于 5%。因此，如果在地形复杂的场地布置测线，远极的位置有时很难满足。另外，远极的影响程度同 AM 与 BM 距离的比值近似成比例，这种装置形式的另一个缺点是，由于两个测量电极之间距离过大，会接收到大量的地电干扰，导致分辨率降低，大大降低测量的质量。因此，这种装置形式主要用在小极距（小于 10 m）的勘探中。虽然二极装置的分辨率低，但用该种装置探测时水平有效宽度最大，有效探测深度也最深。

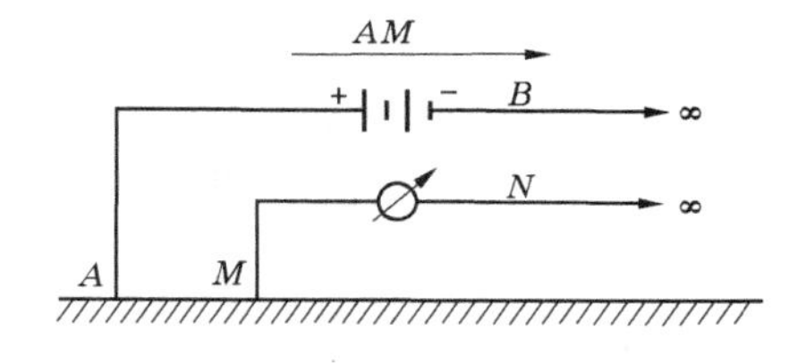

图 6-9　二极装置示意图

2）三极装置

三极装置在野外工作时，需要设置一个无穷远极 B（A 三极）或者 A（B 三极），然后用一组测量电极 M、N，测量距离供电电极不同距离的电位差，实现对地下地质体的探测。其采集形式如图 6-10 所示。

装置系数 $K = 2\pi n(n+1)a$，其中 a 为电极间距，n 为隔离系数，$AM = na$，$MN = a$。

三极装置探测时，数据水平宽度较大，信号强度比偶极装置强，抗干扰能力比二极装置好。与其他装置形式不同，三极装置是不对称的，因此原本对称的结构体在测量中得到的视电阻率异常也是不对称的。在某些情况下，这种视电阻率的不对称性，会影响到反演后得到的模型。为了消除这种不对称性，

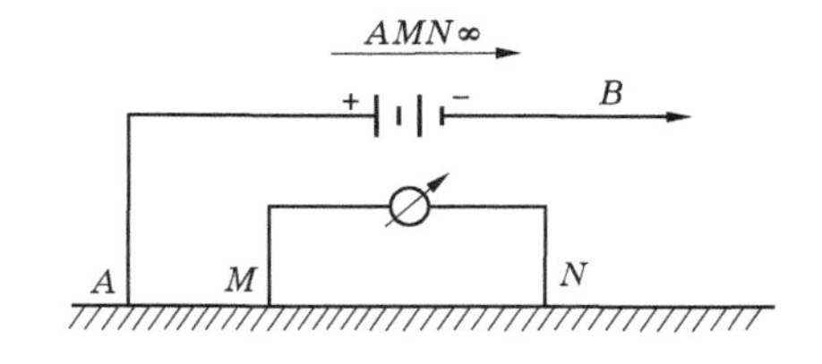

图 6-10　三极装置示意图

通常还要进行反向测量，通过正向和反向的测量，即可消除这种不对称性。*A* 三极装置的远极 *B* 极必须放置在距离测线足够远的地方，*B* 极的影响程度近似与 *AM* 同 *NB* 距离的平方成比例。因此，三极装置远极的影响比起二极装置远极的影响要小一些。如果 *B* 极距测线的距离大于 5 倍的 *AM* 的最大距离，由忽视 *B* 极的影响带来的误差将小于 5%（确切的误差也依赖于 *N* 极的位置和地下的电阻率分布）。

3）施伦贝谢尔装置

施伦贝谢尔装置如图 6-11 所示。

施伦贝谢尔装置系数 $K = \pi n(n+1)a$，其中 a 为电极间距，n 为隔离系数，$MN = a$，$AM = NB = na$。将温纳装置和施伦贝谢尔装置结合，形成了温纳－施伦贝谢尔装置，这种装置形式经过修饰，用在极距固定的系统中。隔离系数“n”是 *A*、*M* 和 *M*、*N* 间距的比值。施伦贝谢尔装置的灵敏性模式同温纳装置有轻微的不同，在测线的中央有轻微的垂直曲率，并且在 *A*、*B*（和 *M*、*N*）之间的区域，灵敏性稍低，在 *M* 极和 *N* 极之间灵敏性高。这意味着这种装置形式同时适用于水平和垂直结构。在预期同时有两种地质结构时，这种装置形式是不错的选择。在同样的测线布置下，温纳－施伦贝谢尔装置的中央探测深度比温纳装置深 10%，但信号强度比温纳装置弱，不过比偶极装置要强。

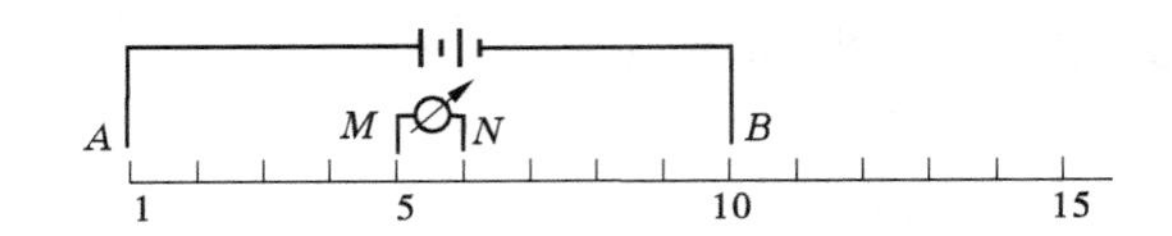

图 6-11　施伦贝谢尔装置示意图

温纳装置是这种装置形式的一种特殊形式，隔离系数“n” = 1。从数据的排列方式看，相对于温纳装置，温纳－施伦贝谢尔装置有稍好一些的水平覆盖。温纳装置的每层数据都比上一层数据少 3 个，而温纳－施伦贝谢尔装置每层的数据则比上一层少 2 个，水平覆盖的数据要比温纳装置略宽，但比偶极－偶极装置要窄。

高密度电阻率法的现场工作方法也与电阻率法现场工作方法大致相同，但为了使高密度电阻率法能够获得关于地电断面结构特征的丰富信息，在现场数据采集时一般采用三电位电极系统。这样，就可获得三种常用电极装置的视电阻率参数，以绘制等值线断面图以及不同极距的剖面图；而且当将三种电极系列的测量结果做某种组合时，还可获得视电阻率异常的几种比值断面图。

三电位电极系统是将温纳四极（*AMNB*）、偶极（*ABMN*）及微分（*AMBN*）装置按一定方式组合后所构成的一种统一的测量系统。该系统在实际测量时，利用电极转换开关将每四个相邻电极进行一次组合，从而在一个测点上便可获得多种电极排列的测量参数。

当点距设为 x 时，三电位电极系统的电极距 $\alpha = nx$，（$n = 1,2,3\cdots\cdots$）。上述三种电极排列形式依次称为 α 排列、β 排列及 γ 排列。显然，这里对某一测点上的 4 个电极按规定做了 3 次组合。各种装置测量视电阻率的计算公式分别为：

$$\left.\begin{aligned} \rho_s^{\alpha} &= 2\pi a \frac{\Delta V^{\alpha}}{I} \\ \rho_s^{\beta} &= 2\pi a \frac{\Delta V^{\beta}}{I} \\ \rho_s^{\gamma} &= 2\pi a \frac{\Delta V^{\gamma}}{I} \end{aligned}\right\} \tag{6-10}$$

现场工作时首先选取基本点距 a 做剖面测量，然后分别改变 A、M、N、B 之间的相互位置，再进行剖面测量。一般情况下，选取 $AM = MN = NB = na(n = 1,2,3\cdots\cdots)$，不论 n 等于几，但在每一次剖面测量时，向前移动的距离均为 a。把每组的视电阻率 ρ_s 值表示在每组装置的中点正下方 $AB/2$ 处，如图 6-12 所示。

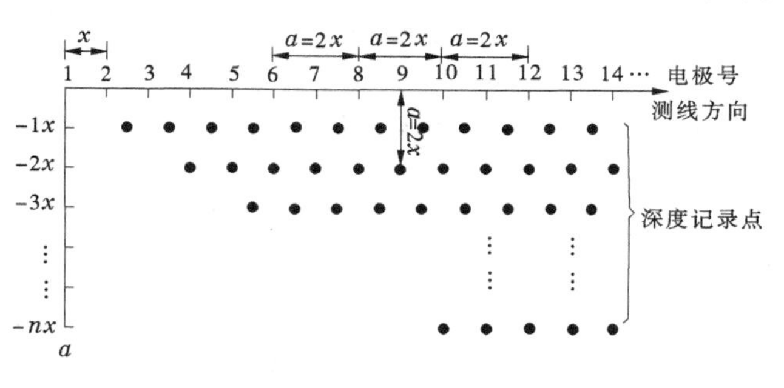

图 6-12 高密度电阻率成像法观测系统布置示意图

具体测量方法为：以固定点距沿巷道测线布置一系列电极，相邻电极间距为 x，取装置电极距 $a = ix(i = 1,2,\cdots,n)$，将相距为 a 的一组电极排列经转换开关接到仪器上，通过转换开关改变装置类型，一次完成该测点各种装置形式的视电阻率 ρ_s 观测（电极排列中点为测点或记录点，记录深度为 a，如图 6-12 所示为 $i = 2$ 时 $a = 2x$，对于 6 号、8 号、10 号、12 号电极组成的排列，9 号点是该排列中点，即为记录点，记录深度为 $a = 2x$）；一个测点观测完后，通过开关转换到下一相邻测点对应的电极，以同样方法进行观测，直到电极距为 a 的整条剖面观测完。改变电极距，重复以上观测，直至 $a = nx$ 测量结束。

点距 x 的选择，主要依据探测精度要求，精度要求越高，x 应越小。当 x 确定后，最大电极距 $a = nx$ 取决于预期探测深度，深度越深，a 要求越大，但一般隔离系数 n 值以不超过 15 为好。

6.2.2.4 资料处理与解释

1. 常用方法技术

高密度电阻率法探测在一条剖面上便可以采集到不同装置及不同极距的大量数据。对观测数据进行统计处理，便可获得各种参数的断面图，即可知剖面下方一定深度范围内电性的相对变化。

资料处理中，可采用将三电位电极系统测量的结果换算成比值参数的方法，然后根据比值参数来绘制断面等值线图。比值参数不仅保留了二者的原有特点，而且扩大了异常的幅度，从而使比值断面图在反映地电结构的某些细节方面具有一定的优越性。

在高密度电阻率法的处理中，还可以根据需要对数据进行滤波处理，通过滤波能够有效地消除和减弱三电位视电阻率曲线中的振荡部分，从而可以简化异常形态，增加推断解释的准确性。

实测数据按记录坐标展布在相应的断面上，把断面分成若干个小单元，若干个小单元内有数据点，则该单元视电阻率即为数据点值，若干个小单元无数据点，则通过三次样条进行插值，在此基础上利用幂函数或指数函数进行各单元数据的圆滑，根据岩层电阻率特征和异常特征设计色谱，形成视电阻率成像断面色谱图。

视电阻率成像断面图上实测视电阻率值是按记录坐标的深度展布的，并不是其真正的深度，因此生成电阻率成像断面图时对其深度值要进行校正。由于地下岩层的组合千变万化，不同层位电性差异很大，因而不同地区校正系数也不一样，一般取 0.5 ~ 0.8，也就是将记录深度乘以校正系数，近似作为实际深度。校正系数的选取可以经过试验或对比孔旁测深求取。

在野外采集的实测数据不是地下介质的真电阻率，而是视电阻率，具有很大的体积效应，以视电阻率进行资料解释具有非常低的分辨率，很多细微异常被淹没在强大的背景之中，很难从中识别出地下岩层地质异常。为了提高电法勘探的分辨率，减小电法勘探的体积效应，突出细微地质异常（如巷道、采空区），应当从实测的视电阻率出发，反演迭代出地下介质的真电阻率。常用的反演迭代方法有最小二乘法和佐迪反演法。可利用高密度电阻率成像专用处理系统进行处理计算。

最小二乘反演法已经发展到快速最小二乘反演法，其主要以平滑限定的最小二乘方法为基础，是对二维视电阻率断面进行反演的一种方法。反演过程不需要提供初始模型，在首次迭代时使用一均匀介质地下模型作为初始模型，该模型的视电阻率偏导数值可以用解析法得到。在后面的迭代中，使用了拟牛顿法去修改每一次迭代的偏导数矩阵，避免了偏导数矩阵的直接计算，从而减少了计算时间和存储空间。同时运用拟牛顿矩阵校正技术解最小二乘方程组，也减少了大量的计算时间。总之，该方法具有简单、快速、有效等优点。最小二乘法适合于反演二极法和温纳法数据，反演次数在 3 ~ 5 次时为最佳选择。当反演次数过少时，异常体不明显，而次数过多时，会出现失真现象。

佐迪反演法用于二维视电阻率断面中，它是用观测值和计算值的比值作为系数，对迭代结果不断进行改正的过程，直到计算的结果和观测的结果最为接近，得到的迭代结果为最接近真实分布的地电断面，实质上是用实测数据作为初始模型的自动试错方法。佐迪反演法适用于呈层状地质异常体中，反演次数在 5 ~ 7 次时为最佳选择。当反演次数过少时，异常体不明显，而次数过多时，则会出现失真现象。

在反演迭代出的地下介质电阻率的基础之上，绘制出每条测线的电阻率断面图，该图件是用于资料解释的主要图件。

因此，经过相应的资料处理后，使得观测结果的分析与解释变得更加直观。下面是工作中的几种常用处理方法。

1）突变点的剔除

在数据采集过程中，由于某一电极接地不好，或受采集现场干扰因素的影响，会出现一些数据突变点，为了不造成对解释结果的影响，对数据突变点进行剔除。

2）地形校正

由于高密度电阻法是基于静电场理论的物理勘探方法，具有体积勘探效应。根据静电场理论，地形起伏会影响勘探结果。在凸地形处测得的数据偏小，在凹地形处测得的数据偏大，测得的数据实际是地电模型和地形影响的综合反映。为实现对地电模型的真实反映，消除地形影响，对实际数据进行了地形校正。

3）数据的平滑平均

在数据采集过程中，有时会受到一些随机噪声的影响，为了消除这些随机噪声，采用平滑平均的方法对数据进行处理，但平滑幅度不能过大，以免平滑掉有用信息，降低分辨率。

4)反演迭代地层真电阻率

在野外采集的实测数据不是地下介质的真电阻率,而是视电阻率,具有很大的体积效应,以视电阻率进行资料解释具有非常低的分辨率,很多细微异常被淹没在强大的背景之中,很难从中识别出地下岩层地质异常。为了提高电法勘探的分辨率,减小电法勘探的体积效应,突出细微地质异常(如巷道、采空区),应当从实测的视电阻率出发,反演迭代出地下介质的真电阻率。常用的反演迭代方法有最小二乘法和佐迪反演法。可利用高密度电阻率成像专用处理系统进行处理计算。

5)绘制电阻率断面图

在反演迭代出的地下介质电阻率的基础之上,绘制出每条测线的电阻率断面图,该图件是用于资料解释的主要图件。

综上所述,高密度电阻率成像法由于采用了多种参数及相应的数据处理方法,使得观测结果的分析与解释变得更加直观,因而应用效果良好。

2. 高密度电阻率反演

在此介绍的高密度电阻率反演以 RES2DINV 电阻率反演程序为基础。

1)反演原理

RES2DINV 高密度电阻率二维反演程序是基于圆滑约束最小二乘法的计算机反演计算程序,使用了基于准牛顿最优化非线性最小二乘新算法,使得大数据量下的计算速度较常规最小二乘法快 10 倍以上,且占用内存较少。圆滑约束最小二乘法基于以下方程:

$$(J'J + uF)d = J'g$$

式中 J——偏导数矩阵;

J'——J 的转置矩阵;

u——阻尼系数;

$F = f_x f_x' + f_z f_z'$;

f_x——水平平滑滤波系数矩阵;

f_z——垂直平滑滤波系数矩阵;

f_x'、f_z'——f_x、f_z 的转置矩阵;

d——模型参数修改矢量;

g——残差矢量。

这种算法的一个优点是可以调节阻尼系数和平滑滤波器,以适应不同类型的资料。反演也可以使用常规高斯 - 牛顿法,每次迭代后重新计算偏导数的雅克比矩阵。它的反演速度比准牛顿法慢得多,但在电阻率差异大于 10:1的高电阻率差异地区,效果要稍好一些。反演逼近也可以在第二或第三次迭代以前,使用高斯 - 牛顿法,然后使用准牛顿法,在许多情况下,这提供了一种最佳折中选择。

反演程序使用的二维模型把地下空间分为许多模型子块,然后确定这些子块的电阻率,使得正演计算出的视电阻率拟断面与实测拟断值相吻合。对于温纳和施伦贝谢尔排列,第一层子块的厚度设置为 0.5 倍电极距。对于单极 - 单极、偶极 - 偶极和单极 - 偶极排列,首层层厚分别设置为 0.9、0.3、0.6 倍电极距。后继层的厚度依次递增 10% (或 25%),层厚也可由使用者设置改变。最优化方法主要靠调节模型子块的电阻率来减小正演值与实测视电阻率值的差异。这种差异用均方误差(*RMS*)来衡量。然而,有时最低均方误差值的模型却显示出了模型电阻率值巨大的和不切实际的变化,从地质勘察角度而言,这并不总是最好的模型。通常,最谨慎的逼近是选取迭代后均方误差不再明显改变的模型,这通常在第三次和第五次迭代之中出现。

2)反演模型

反演程序使用的二维模型由一系列矩形格子构成。矩形格子的排列受拟断面图数据点分布的松散约束。格子的大小和贡献由程序自动产生,格子的数量一般不超过数据点的数量。然而,程序设置了一个选项,允许用户使用格子数超过数据点的模型。最底排的格子设置深度近似等于最大电极距的等效勘查深度。

模拟正演子程序用于计算视电阻率值,采用了有限差分法或有限元法。本程序适用于温纳、单极 - 单极、偶极 - 偶极、单极 - 偶极、温纳 - 施伦贝谢尔和跨孔排列。可以一次处理多达 650 个电极、6500 个数据点的拟断面图。

6.2.2.5　高密度电法探测的工程布置与数据采集

1. 地球物理特征

本次探测以高密度直流电法测量为主,因此主要讨论地层的电性特征。正常岩层中裂隙发育时电阻率变化较大,裂隙不充水时,电阻率增大;裂隙充水时,电阻率显著减小。

此次探测主要是查清 121101 工作面底板岩层含水情况,本测区所涉及的含水岩层主要是底板砂岩。结构致密完整、不含水的砂岩在电阻上表现为高电阻率特征。如果砂岩裂隙发育且含水,那么在岩层裂隙发育、断层或裂隙带附近的电阻率会比正常砂岩地层的电阻率大大降低,降低的程度视裂隙发育和含水程度的不同而不同。裂隙愈发育,含水性愈强,电阻率愈低。据此,通过探测底板岩层的电阻率及其变化规律,可以查明岩层的水文地质条件,这是本次电法探测岩层含水性的物理前提。

2. 工程布置

1)测线布置

沿 121101 工作面轨道顺槽布置一条测线,测线长 1 600 m,沿 121101 工作面胶带顺槽布置一条测线,测线长 1 660 m。

2)探测工作量

根据实际工程确定,测点距 10 m,测线长度为 3 260 m,有效剖面长度约 2 660 m。*N*(测量层数)取 20,设计物理点 5 260 个,主要工程量见表 6-2。

表 6-2　工程量统计

测线	测线长(m)	物理点(个)	备注
轨道顺槽测线	1 600	2 570	
胶带顺槽测线	1 660	2 690	
合计	3 260	5 260	

3. 数据采集工作

现场工作是收集数据进行解释的基础,因此现场工作的好坏直接影响解释成果的准确性。本次高密度电阻率成像法现场数据采集使用E60C型高密度数字直流电法仪,采用温纳四极(*AMNB*)装置,实际测量时利用电极转换开关将每4个电极(*AMNB*)组合一次进行测量,直到测完设计组合。

数据采集主要参数如下:

开设道数:116;

测量层数:20;

测量方式:自动;

道　　距:10 m;

供电电压:280 V;

工作方法:温纳电极系。

4.技术措施

有些巷道部分地段积水,布设了电缆、轨道,这些因素影响井下观测资料的质量,井下地电干扰大。采用抗干扰能力强的电法仪,本次观测使用了E60C型高密度数字直流电法仪,用仪器方波供电,抗干扰能力强,精度高,这样可以排除工业电干扰。对于浮煤接地电阻过大的点分别在电极上浇水;在积水地段,尽量把供电和测量电极打在没有水的地方,把电缆悬挂起来,以免漏电;在布线打电极时,尽量离开金属设施。

6.2.2.6 高密度电阻率法成像成果分析

主要解释图件是二维电阻率剖面图,图6-13是以切眼为坐标原点(0点),由切眼向外为横坐标的正向,纵坐标表示底板探测深度。图6-13(a)用于推断解释121101工作面胶带顺槽底板岩层赋水情况,图6-13(b)用于推断解释121101工作面轨道顺槽底板岩层赋水情况;依据前述不同岩层赋水性的电性特征,对岩层赋水等赋水异常区的电性特征进行研究,对巷道底板岩层赋水性进行解释,圈定了主要赋水层的富水区。

由于11－2煤层回采巷道基本沿煤层底板掘进,11煤层厚3.63 m左右,电阻率较高。当在底板供电时,电流大部分流入底板岩层,对煤层底板以下异常体的勘探有利,干扰相对会比较小,故在井下用电阻率法探测底板效果会比较好。

图6-13(a)反映的是胶带顺槽附近的底板岩层的电阻率变化情况。从图6-13(a)中电阻率变化特征可以看出,整个底板岩层断面电阻率较高,电阻率横向变化呈现分区性,说明岩层横向富水性不均一,大部分块段富水性相对较弱,只有局部块段富水性相对较强。主要赋水层的富水区为煤系底板砂岩。在1号低值异常带(0～500 m)底板砂岩电阻率偏低,底板砂岩存在赋水的可能,但通过2号、3号钻场底板钻孔的施工验证,1号低阻异常带无水,据此推断,电阻率值和1号低阻异常带相近的4号低阻异常带(1 095～1 140 m)赋水性弱或不赋水;2号低阻异常带(530～600 m)和3号低阻异常带(660～715 m)电阻率值比1号低阻异常带更低,赋水性相对较强;2号低阻异常带(530～600 m)和3号低阻异常带(660～715 m)电阻率值相比,2号低阻异常带(530～600 m)电阻率值更低,赋水性相对最强;其他区段电阻率相对较高,赋水性相对较弱。对开采有影响的赋水区为2号、3号低阻异常带,开采过程中应引起足够重视。

图6-13(b)反映的是轨道顺槽附近的底板岩层的电阻率变化情况。通过与图6-13(a)对比可以看出,轨道顺槽底板砂岩的赋水性比胶带顺槽得较强。从图6-13(b)中电阻

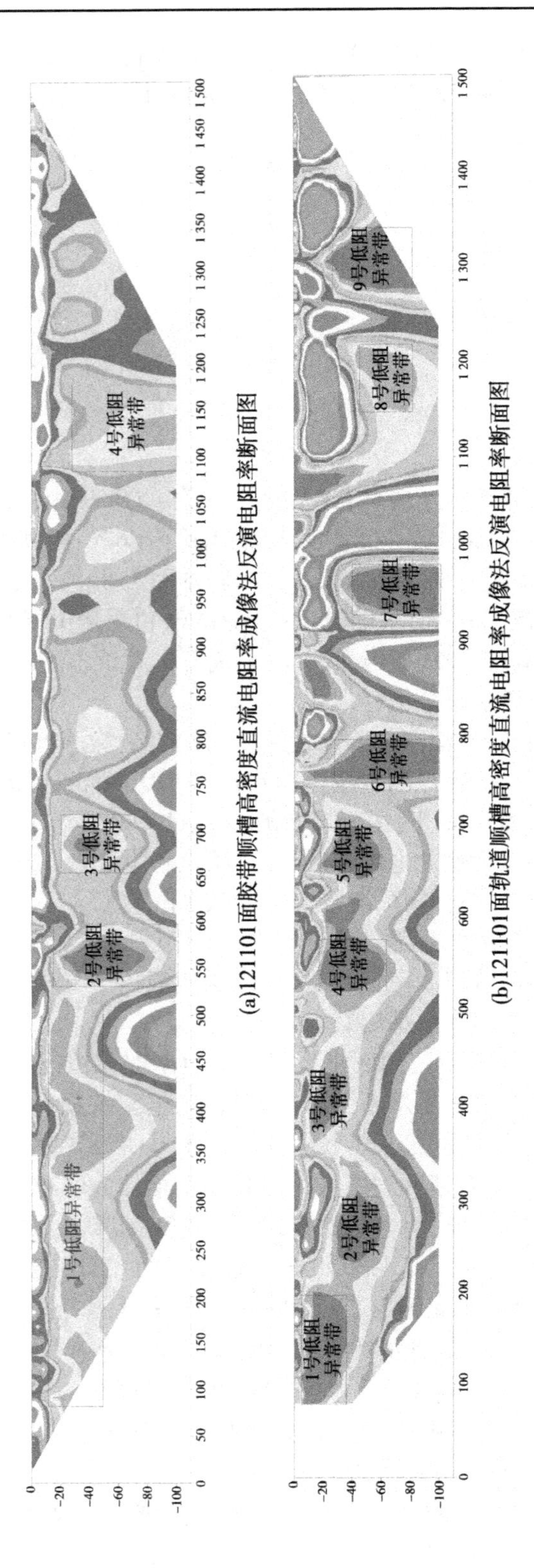

(a)121101面胶带顺槽高密度直流电阻率成像法反演电阻率断面图

(b)121101面轨道顺槽高密度直流电阻率成像法反演电阻率断面图

图 6-13　121101 工作面高密度直流电阻率成像法反演电阻率断面图

率变化特征可以看出,整个底板岩层断面电阻率较高,电阻率横向变化呈现分区性,说明岩层横向富水性不均一,大部分块段富水性相对较弱,只有局部块段富水性相对较强。主要赋水层的富水区为煤系底板砂岩。主要低阻异常带有:1 号低阻异常带(80 ~ 196 m)、2 号低阻异常带(232 ~ 300 m)、3 号低阻异常带(373 ~ 433 m)、4 号低阻异常带(520 ~ 576 m)、5 号低阻异常带(645 ~ 700 m)、6 号低阻异常带(750 ~ 794 m)、7 号低阻异常带(840 ~ 885 m)、8 号低阻异常带(930 ~ 985 m)、9 号低阻异常带(1 150 ~ 1 220 m)、10 号低阻异常带(1 280 ~ 1 345 m),这些低阻异常带底板砂岩电阻率偏低,底板砂岩存在赋水的可能。其他区段电阻率相对较高,赋水性相对较弱。

与图 6-13(a)进行对比可以看出:轨道顺槽的 4 号低阻异常带(520 ~ 576 m)、5 号低阻异常带(645 ~ 700 m)与胶带顺槽的 2 号低阻异常带(530 ~ 600 m)和 3 号低阻异常带(660 ~ 715 m)对应,此段工作面底板砂岩裂隙有较好的连通性。其他异常为局部裂隙发育。

6.3 底板突水防治

6.3.1 底板突水防治措施

在长期的工作实践及理论认识的基础上,在底板突水防治技术方面形成了一些适用于不同类型水害治理的途径和方法,主要如下所述。

6.3.1.1 疏干降压

疏干降压是借助于专门的工程(如疏水巷道、抽水钻孔、放水钻孔、吸水钻孔等)及相应的排水设备,积极地、有计划有步骤地使影响采掘安全的含水层降低水位(水压)或造成不同规模的降落漏斗,使之局部或全部疏干。疏水降压技术可以根据不同的水害类型和疏降目的采取有针对性的方式,应用的条件为弱含水层。它是防止矿井水灾最积极、最有效的措施。

6.3.1.2 注浆堵水与改造底板及含水层

注浆堵水是防治地下水患的有效措施之一,是将各种材料(黏土、水泥、水玻璃、化学材料等)制成浆液压入地下预定地点(突水点、含水层储水空间等),使之扩散、凝固和硬化,从而起到堵塞水源通道、增大岩石强度和隔水性能的作用,达到治水的目的。其中,改造底板及含水层时,底板岩层的强度增大、采动破坏深度减小,水压破坏就不易发生;岩体中节理、裂隙密度越小,水压破坏就越不易向上发展,因此就越形成不了突水通道,底板突水灾害就不会发生。注浆堵水方法简便,效果较好,是防止矿井涌水行之有效的措施。

6.3.1.3 合理的开采方法

开采影响是采动破坏、诱导水压产生破坏的主要原因。采动影响越强烈,采动破坏的深度越大,水压破坏高度越大,底板越容易发生突水。因此,合理的开采技术如短壁开采、条带开采、充填开采等开采方法,可以减小采动破坏深度,增强隔水质量,底板突水灾害就不易发生。

6.3.2 121101 工作面底板突水防治措施与建议

为防止回采过程中 11 -2 煤层 121101 工作面底板砂岩裂隙水突水事故的发生,确保

安全生产,根据高密度电阻率法探测成果,结合采场底板突水判测系统的预测结果,给出以下底板水害防治措施与建议:

(1)121101 工作面采用疏干降压方法来防治底板水害。随着疏干降压的进行,在疏水孔周围形成降落漏斗,随着时间的延续,降落漏斗的范围不断扩大,并向纵深发展,底板含水层的水位会降至其煤层底板,消除回采工作面水患,逐步解除底板水的威胁,达到防治水的目的。

(2)防治回采底板突水,在底板砂岩富水区,对于轨道顺槽 1 号、2 号、3 号、6 号、7 号、8 号、9 号、10 号局部富水区要提前打钻进行放水,对于具有连通性的轨道顺槽 4 号、5 号对应的胶带顺槽 2 号、3 号大富水区,更要采取相应的措施布置较密的钻孔进行放水。有针对性地进行提前打钻探放水,使水位标高降至煤层底板,控制底板水涌出量,确保工作面回采安全。

(3)初次来压与周期来压时,底板承受较大的动载荷作用,底板破坏较深,尤其要注意加大排水能力。如来压步距较大,可以采取强制放顶措施,来减少底板水的涌水量。回采保持均衡的推进速度,以减少前方移动支承压力对底板隔水层的破坏,在没有特殊的情况和要求下,应采取较快的推进速度,推进过程中也应避免突然停止回采的情况发生。另外,回采过程中要加强巷道支护,清挖排水沟,并在巷道低洼处备泵排水。

(4)在回采过程中加强水文地质巡查工作,尤其是工作面通过物探富水区时要强化水文调查,在褶曲轴部及小断层附近可能赋存砂岩裂隙水,形成一个富水带,回采时可能突然涌出造成危害,当发现有突水征兆如底鼓、底板渗水、煤壁渗水等现象时,应立即停止作业,采取必要措施,确保工作面安全回采。

(5)在 121101 工作面回采之前,应对本次工作面物探探测结果中主要异常区域布置钻孔进行验证,探水钻位置应和低阻异常带的最低电阻率区对应。对于轨道顺槽底板砂岩低阻赋水性,首先验证 4 号低阻异常带(520 ~ 576 m),可以结合 Gp - 4 钻场布置。结合底板钻孔出水情况决定胶带顺槽的 2 号低阻异常带(530 ~ 600 m)是否布置钻场。另外,在钻孔时要注意钻孔应尽可能斜穿过异常带,确保钻孔揭露异常。

综上所述五方面的 121101 工作面水害防治措施,从而做到有针对性地提前打钻探放水,有计划、有准备地疏干水源,以保证该工作面安全、顺利回采。

6.3.3 矿井突水水源判别研究

矿井一旦发生突水,将会威胁井下人员的生命与健康,并造成严重的经济损失。如何降低或杜绝此类问题的发生,其关键问题在于如何准确、快速地查明突水水源,为此,有必要建立科学有效的突水水源判别模式。水化学特征数据反映了地下水的本质特征,利用水化学特征组分判别突水来源具有准确、快速的特点。目前,突水水源判别方法种类繁多,每种方法既有其优越性,也有其局限性,如何选择合适的水源判别方法是需要不断研究的课题。由于 121101 工作面矿井水化资料采集不全,未能使用矿井突水水源判别方法进行突水来源的再次确认,但是为了丰富矿井水害防治研究理论与基础,突出突水水源判别的重要性,特介绍以下几种较为有效的方法,以供科研人员和现场工作者作为参考。

6.3.3.1 BP神经网络在矿井突水水源判别中的应用

1. BP神经网络原理

BP神经网络(Back Propagation Network)具有较强的非线性映射能力,由信息的正向传播和误差的反向传播两个过程组成。其网络模型拓扑结构主要由三部分组成:输入层,其任务是接收人机交互输入的信息,并将该信息传递到中间层去;隐含层,其工作就是对输入层传递过来的数据信息进行处理,可以根据使用需要选择一层或多层;输出层,对隐含层传递过来的信息做最后的处理,然后将处理结果进行输出。当BP神经网络输出结果与期望输出值误差不满足要求时,就会进入误差的反向传播阶段。在传播过程中,通过科学的数学方法对各层权值和阈值进行修改,经反复迭代计算,直至最终的输出结果与期望值误差在允许范围之内,神经网络的训练过程结束。

2. 识别模型构建

1)BP神经网络结构

Robert Hecht - Nielson证明了对于任何在闭区间内的一个连续函数都可以用一个隐含层的BP网络来逼近。增加网络隐含层数,虽然提高网络的精度,但也会使网络复杂化,牺牲其训练时间。因此,识别模型选用具有三层的BP网络,隐含层数为1。根据水化方法特征离子数目,确定输入节点数量,在这里参考矿井水化数据,选用$Na^{+}+K^{+}$、Ca^{2+}、Mg^{2+}、Cl^{-}、$SO_4{}^{2-}$、$HCO_3{}^{-}$六大水化离子作为识别矿井水源依据,输入节点数为6,输出节点数为4,输出为(0 0 0 1)、(0 0 1 0)、(0 1 0 0)、(1 0 0 0),其分别对应二灰和奥陶系含水层(Ⅰ类)、八灰含水层(Ⅱ类)、顶板砂岩含水层(Ⅲ类)、第四系含水层(Ⅳ类)。

根据经验公式来确定隐含层节点数,即

$$m = \sqrt{U+L} + a \tag{6-11}$$

式中 U——输入层节点数;

L——输出层节点数;

a——1~10之间的随机整数。

这里U取6,L取4,a取5,则m为8,采用试错法,分别训练隐含层节点数为6、7、8、9、10的收敛程度,经测试,隐含层节点为6时,误差最小,收敛速度最快。

2)特性函数

矿井突水水源影响因素多,而因素之间非简单的线性关系,因此隐含层特性函数选用连续可微的S型logsig函数,可将整个实数集映射到(0,1)区间,输出层采用线性purelin函数,训练函数采用具有列文伯格-马夸尔特法(Levenberg - Marquardt)最快速算法trainlm函数。

3)误差处理与权值调整

如果网络正向传播的输出层不能得到期望输出,实际输出和期望输出存在一定误差,则转入误差信号反向传播,采用式(6-12)表示均方误差:

$$F(x) = E[(t-a)^2] \tag{6-12}$$

式中 t、a——神经网络的目标值和实际输出值。

通过调整网络参数,以使均方误差最小,从而BP网络达到最佳性能。使用最速梯度下降法更新权值权重和偏置值,调整量与误差的负梯度成正比。

$$W^m(k+1) = W^m(k) - \alpha s^m (\alpha^{m-1})^T \tag{6-13}$$

$$b^m(k+1) = b^m(k) - \alpha s^m \tag{6-14}$$

式中　$W^m(k)$——第 k 次训练后第 m 层的权值矩阵；

$b^m(k)$——第 m 层的偏置；

α^{m-1}——经过第 k 次训练后第 $m-1$ 层的输出向量；

s^m——第 m 层的输出误差指数，即敏感性指数。

3. 网络训练与应用

本实例引用张许良等(2003)39 组矿井水化数据，可以看出其中采用距离判别方法、费希尔 Fisher 判别方法、Bayes 判别方法，均将本属于二灰和奥陶系含水层(Ⅰ类)的样本 1 误判为第四系含水层(Ⅳ类)，在这里仍将前 35 组数据作为训练样本，后 4 组数据作为待测样本。为了体现神经网络独特的优势，这里将第一组数据与待测样本第一组互换位置，检验 BP 神经网络是否能正确识别该待测样本，待测样本如表 6-3 所示。

表 6-3　待测样本

编号	离子浓度(mg/L)					
	$Na^+ + K^+$	Ca^{2+}	Mg^{2+}	Cl^-	SO_4^{2-}	HCO_3^-
1	11.98	76.15	15.56	8.5	26.9	292.84
2	9.97	64.45	26.84	9.59	40.53	288.14
3	294.75	8.93	3.36	30.27	24.24	680.51
4	14.19	81.96	24.41	25.81	40.99	315.08

1) BP 神经网络训练

利用美国 Mathworks 公司出品的商业数学软件 Matlab 软件的 newff 函数创建 BP 神经网络模型，用训练样本对创建好的网络模型进行训练，训练参数设定如下：学习速率 0.04，目标误差 0.000 000 01，最大训练次数 1 000，显示结果周期 50。程序执行之后，在第 18 步模型达到收敛，学习精度为 $3.664\ 3\times10^{-9}$，BP 神经网络训练结果见图 6-14。

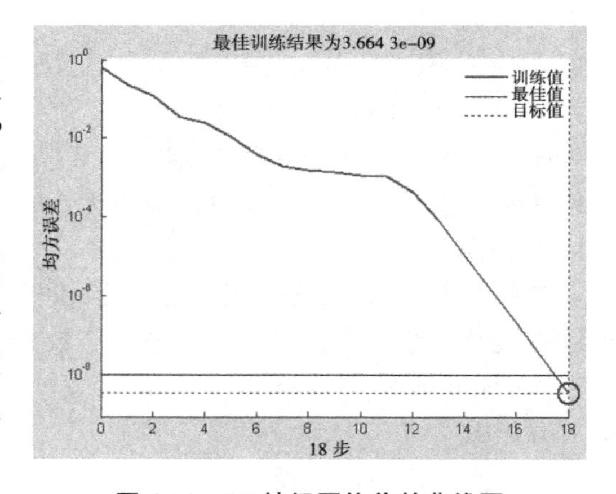

图 6-14　BP 神经网络收敛曲线图

2) 网络模型应用

利用训练好的 BP 神经网络对表 6-3 中的待测样本进行识别，输出结果见表 6-4。

4 个待测样本的平均绝对误差分别为 $0.156\ 7\times10^{-3}$、$0.001\ 3\times10^{-3}$、$0.005\ 6\times10^{-3}$、$0.003\ 1\times10^{-3}$，误差曲线如图 6-15 所示，期望输出与识别输出对比如图 6-16 所示。

表 6-4　BP 神经网络识别结果

编号	期望输出	输出结果				BP识别	距离判别	Bayes判别	Fisher判别	水源类别
1	0001	0.000 0	0.000 0	0.000 3	0.999 7	Ⅰ	Ⅳ	Ⅳ	Ⅳ	Ⅰ
2	0010	0.000 0	0.000 0	1.000 0	0.000 0	Ⅱ	Ⅱ	Ⅱ	Ⅱ	Ⅱ
3	0100	0.000 0	1.000 0	0.000 0	0.000 0	Ⅲ	Ⅲ	Ⅲ	Ⅲ	Ⅲ
4	1000	1.000 0	0.000 0	0.000 0	0.000 0	Ⅳ	Ⅳ	Ⅳ	Ⅳ	Ⅳ

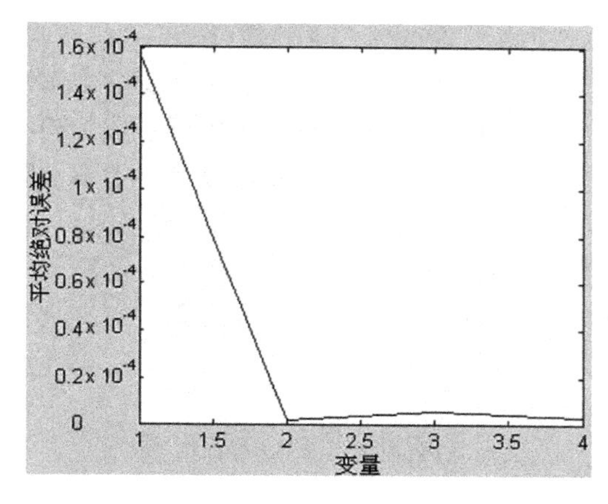

图 6-15　网络输出各组误差曲线

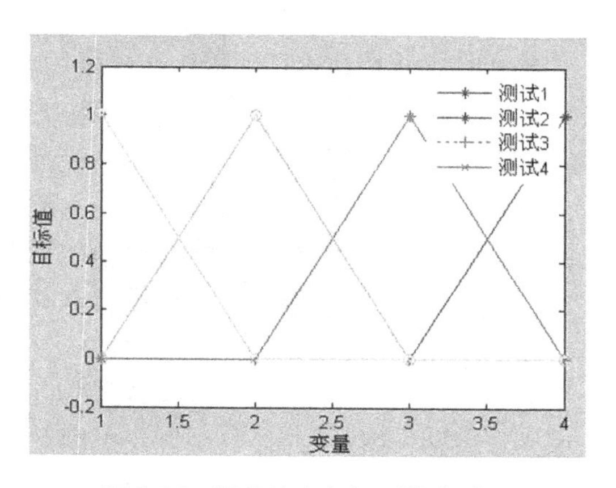

图 6-16　期望输出与识别输出对比

由表 6-4 可知，BP 神经网络识别结果与各个样本实际类型相符，均正确。因此，神经网络在某些条件下具有数理统计判别没有的优势。

6.3.3.2　一种煤矿突水水源识别系统

根据以上的结论，作者设计了一款突水水源识别系统，并申请了实用新型专利，具体内容如下。

1. 背景技术

常规水源判定需要把现场实际经验和水质分析报告综合研究，通常要求由丰富经验的矿井水文地质工程师才能胜任，所需时间较长，容易贻误最佳水患防治时期，且易受到人为因素干扰。由于矿井各水层的水化学成分数据能反映相应水层的本质特征，用水化学资料判别水源具有快速、准确、经济的特点。神经网络属于人工智能范畴，具有自组织、自适应、容错性等特征，广泛地应用于系统模式识别、分类、预测预报等方面。

2. 实用新型专利内容

为了解决上述技术问题，本实用新型专利提供了一种煤矿突水水源识别系统，利用具有解决非线性问题的神经网络识别，提高了突水水源判别的快速性和准确性。

为了达到上述目的，本实用新型专利的技术方案是：一种煤矿突水水源识别系统，包括数据输入模块、微处理器、RAM 存储器、信息采集模块和 LCD 显示屏，所述数据输入模块、RAM 存储器、信息采集模块和 LCD 显示屏，均与微处理器相连接，RAM 存储器中设有数据库和神经网络模块。

所述信息采集模块包括信号处理器和放大器,信息采集模块通过数据线与电机检测器阵列模块相连接。

所述数据输入模块包括数字按键、USB 和开关,数据输入模块通过数据总线与微处理器相连接,微处理器通过 I/O 数据总线与 RAM 存储器相连接,信息采集模块通过 I/O 数据总线与微处理器相连接,微处理器通过数据总线与 LCD 显示屏相连接。

所述神经网络模块是包括输入层、隐含层和输出层的 BP 神经网络。

所述电极检测器阵列模块设置在突水点或发生突水位置,电极检测器阵列模块(6)包括 $Na^{+}+K^{+}$ 浓度电极检测器、Ca^{2+} 浓度电极检测器、Mg^{2+} 浓度电极检测器、Cl^{-} 浓度电极检测器、SO_4^{2-} 浓度电极检测器、HCO_3^{-} 浓度电极检测器。

本实用新型专利将具有解决非线性问题的神经网络识别程序内置于所开发突水水源识别系统,使用该系统可以提高突水水源判别的快速性和准确性;通过水质离子浓度检测器的检测结果,运用训练好的神经网络模型可以准确识别突水类型,并在显示器中显示结果,且结构简便,具有良好的人机界面;在矿井井下突水位置可以实时判别突水来源,可超前预测和预警突水,为矿井水害防治争取了时间、提供了决策依据,从而避免安全事故的发生,提高了产量并带来了较大的经济效益,对煤矿的安全生产具有重大意义。

3. 附图说明

图 6-17 为本实用新型专利的原理框图。

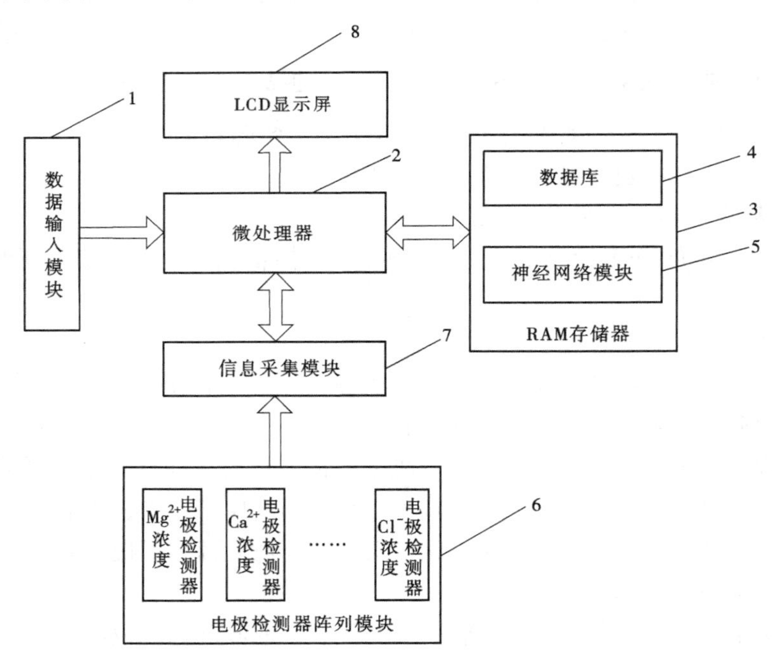

图 6-17　本实用新型专利的原理框图

图 6-18 为本实用新型专利神经网络模块训练过程的示意图。

4.具体实施方式

下面通过附图和实例具体描述一下本实用新型专利。

一种煤矿突水水源识别系统，包括数据输入模块1、微处理器2、RAM存储器3、信息采集模块7和LCD显示屏8。数据输入模块1、RAM存储器3、信息采集模块7和LCD显示屏8均与微处理器2相连接，RAM存储器3中设有数据库4和神经网络模块5。

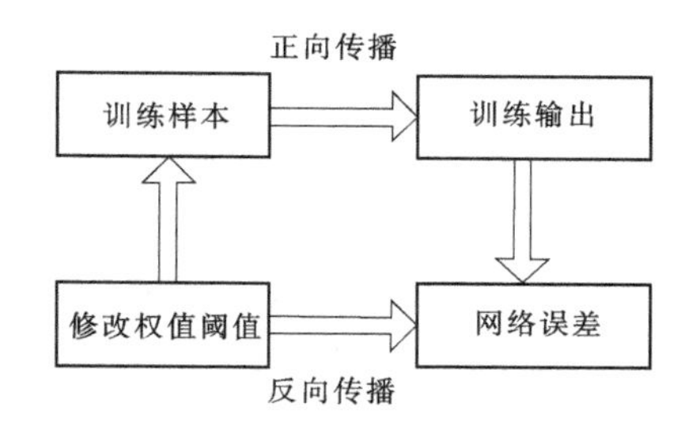

图6-18　本实用新型专利神经网络模块训练过程的示意图

数据输入模块1包括数字按键、USB接口和开关等部件，数据输入模块1通过数据总线与微处理器2相连接。微处理器2为整个系统的中央处理器（CPU），微处理器2通过I/O数据总线与RAM存储器3相连接，信息采集模块7通过I/O数据总线与微处理器2相连接，微处理器2通过数据总线与LCD显示屏8相连接。信息采集模块7包括信号处理器和放大器，电极检测器阵列模块6通过数据线与信息采集模块7相连接。神经网络模块5是包括输入层、隐含层和输出层的BP神经网络。如上设置就构成了完整的矿井突水水源识别系统，可以根据突水水源检测的特征离子浓度值，准确判定突水来源。

首先通过数据输入模块1中的开关启动该系统，数据输入模块1中的数字按键输入矿井历年来突水水源的水化学数据。这些水化学数据包括各个离子浓度值以及与之相对应的水源类型，这些水化学数据通常是多组的。数据输入模块1输入的水化数据通过数据总线传输给微处理器2，微处理器2将读取的水化数据通过I/O数据总线写入RAM存储器3的数据库4中。历史水化数据输入完毕，则RAM存储器3中的数据库4建立了该矿井水化数据样本库。样本库越丰富越好，这对于系统准确识别突水水源的类型有很大的帮助。而后通过数据输入模块1中的数字按键给微处理器2发出训练神经网络模型的指令，与此同时，微处器理2将RAM存储器3中包含水化样本的数据库4分为训练样本和仿真样本两部分，其中，训练样本部分作为神经网络模块5训练使用，而仿真样本部分（经神经网络模块5训练所建立的）作为神经网络模型的仿真输入使用。由于Robert Hecht-Nielson证明了对于任何在闭区间内的一个连续函数都可以用一个隐含层的BP神经网络来逼近，因此在这里神经网络模块5采用的是包括输入层、隐含层和输出层三层的BP神经网络。微处理器2根据训练神经网络模型的指令调取RAM存储器3中的神经网络模块5，开始训练神经网络模块5中的BP神经网络，BP神经网络训练过程如图6-18所示。

（1）工作信号的正向传播：输入信号从输入层经隐含层，传向输出层，在输出端产生输出信号，在信号的前向传递过程中，网络的权值是固定不变的，每一层神经元的状态只影响下一层神经元的状态。

（2）误差信号的反向传播：如果网络正向传播的输出层不能得到期望输出，实际输出和期望输出存在一定误差，则转入误差信号反向传播，采用式（6-12）表示均方误差。

通过调整网络参数，使均方误差最小，从而使BP网络达到最佳性能。使用最速梯度下降法更新权值权重和偏置值，调整量与误差的负梯度成正比。

在误差信号反向传播的过程中，网络的权值由误差反馈进行调节。通过权值的不断修正使网络的实际输出更接近期望输出。直至最终的输出结果与期望值相差不大，在可以接受的范围之内时，神经网络模块 5 的训练过程结束。

神经网络模块 5 利用 BP 神经网络经过工作信号的正向传播和误差信号的反向传播两个过程的训练过程，建立了神经网络识别模型。训练建立的识别模型好与不好，可以使用仿真样本进行仿真输入，根据仿真的输出与实际类型进行对比，看是否满足突水水源的准确识别，如果经训练所建立的神经网络识别模型能够准确经过仿真的检验，则该神经网络识别模型可以投入突水水源的识别应用；否则，应继续训练寻找最优神经网络识别模型。

煤矿工作人员使用本系统在矿井井下突水点或发生突水位置进行突水水源识别，将电极检测器阵列模块 6 中的多个电极检测器放置于突水点或发生突水位置。电极检测器阵列模块 6 根据需要可以布置多个离子浓度电极检测器，本系统在这里选用常用的水化离子浓度电极检测器阵列模块 6，包括 $Na^{+}+K^{+}$ 浓度电极检测器、Ca^{2+} 浓度电极检测器、Mg^{2+} 浓度电极检测器、Cl^{-} 浓度电极检测器、SO_4^{2-} 浓度电极检测器、HCO_3^{-} 浓度电极检测器等多种水化离子浓度的电极检测器，根据识别需要，可以检测多种水化离子的浓度。电极检测器阵列模块 6 将检测到的多种离子浓度的电信号传递给信息采集模块 7，信息采集模块 7 对电信号进行放大和处理得到多种离子浓度，并传递给微处理器 2，微处理器 2 调用神经网络模块 5 训练好（突水水源识别）的 BP 神经网络模型进行突水点或突水位置的水源识别，最终将水源识别结果传递给 LCD 显示屏 8 进行显示。与此同时，微处理器 2 将水源识别结果写入 RAM 存储器 3 中的数据库 4，以便后续查阅，并可以丰富突水水源水化数据样本库。

本实用新型专利张许良等（2003）的 39 组矿井水化数据，以其中的 35 组水源样品作为训练样本，运用本实用新型专利对 BP 神经网络进行训练，建立了 $6\times6\times4$ 的网络优化模型。使用构建的 BP 神经网络对表 6-3 的 4 组待测样本进行识别，4 组待测样本如表 6-3 所示。本实例中检测了 7 种离子浓度：Na^{+} 浓度、K^{+} 浓度、Ca^{2+} 浓度、Mg^{2+} 浓度、Cl^{-} 浓度、SO_4^{2-} 浓度、HCO_3^{-} 浓度，在数据处理过程中，根据需要将 Na^{+} 浓度和 K^{+} 浓度进行合并，作为一种浓度指标，因此出现表 6-3 的以 6 种浓度指标作为识别突水水源的依据。

经过本系统识别，结果分别为二灰和奥陶系含水层、八灰含水层、顶板砂岩含水层、第四系含水层，并与实际突水水源类别进行比对，可知与各个样本实际类型相符，均正确。

本实用新型专利能够实现对非线性因素进行映射逼近，建立水化指标与水源之间复杂的非线性关系，克服了建立精确模型的困难，对突水水源进行了准确、有效的识别。本实用新型专利能够在矿井井下突水点或发生突水位置进行突水水源识别，克服了常规突水水源判定所需时间长和人为干扰因素大的缺点，可超前预测和预警突水，有助于矿井水害的防治工作的决策，对提高煤矿安全性，具有很大应用价值。

6.3.3.3 GA－BP 神经网络在矿井突水水源判别中的应用

1. 建立 GA－BP 神经网络模型

遗传算法（Genetic Algorithm，简称 GA）最先是由美国密歇根（Michgan）大学的 John Holland 于 1962 年提出的，它是模拟 Darwin 的自然选择和遗传选择的生物进化过程的数学模型。遗传算法把搜索空间映射为遗传空间，以适应度函数作为评价依据，借助自然遗传学的遗传算子对编码群体进行交叉和变异，实现群体中个体位串的选择和遗传，建立起一个产生新解集种群的迭代过程。群体的个体在迭代过程中不断进化，逐渐接近最优解。利用遗传算法的全局搜索能力和自身广泛的适应性，克服BP神经网络结构上的缺点；通过遗传学习算法对BP神经网络的初始权值和阈值进行寻优，将搜索范围缩小之后，再利用BP神经网络进行精确寻优，将GA与BP神经网络结合，建立GA－BP神经网络判别模型。主要步骤如下：

1）初始化种群

采用二进制编码方法对BP神经网络全部的权值和阈值进行编码，确定初始种群规模，随机生成初始种群。

2）确定适应度函数

计算个体位串下BP神经网络的误差函数，根据适应度函数值，挑选适应度较大的种群。由式（6-12）可知BP神经网络的总误差为E，因遗传算法只能朝着适应度值增大的方向进化，适应度函数构造为$f_i = \frac{1}{E_i}$，f_i为第i个体适应度值，E_i为第i个体的网络总误差。

3）选择算子操作

应用适应度比例选择算子，选择高适应度的个体进入下一次迭代，个体被选中的概率为$P_i = \frac{f_i}{\sum f_i}$，$P_i$为第$i$个体被选中的概率。

4）交叉算子操作

交叉是遗传算法获取新优良个体的主要操作过程，采用单点交叉算子产生新个体。

5）变异算子操作

为了保持个体的多样性，确保遗传算法的有效性，采用非均匀变异产生新个体。

重复以上的步骤，通过遗传算法对BP神经网络进行种群生成、交叉和变异等操作，以产生新的一代种群，再进行适应度评估，直到当前种群中的某个个体对应的网络结构满足要求，结束此循环。

GA优化BP神经网络的算法流程图如图6-19所示。

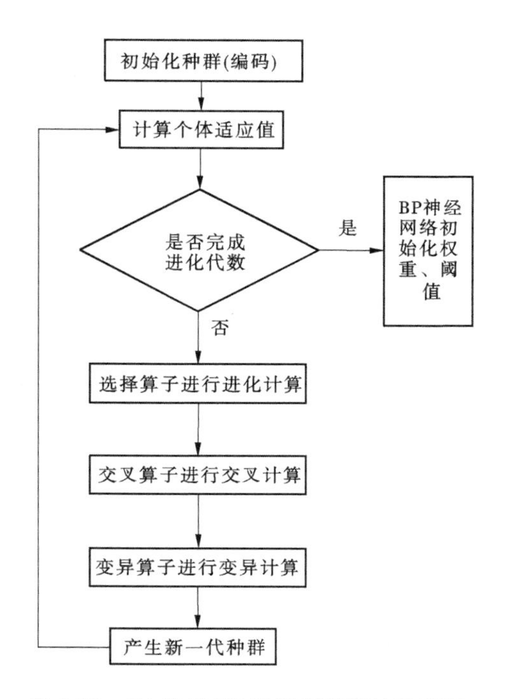

图6-19　GA优化BP神经网络算法流程图

2.模型的训练与应用

聂凤琴等（2003）使用Fisher判别法和距离判别法分别建立判别模型，对6组待测样本进行准确判别。拟采用相同的矿井水化数据，在不破坏原始数据的前提下，对原始数据中Na^+、K^+浓度进行了求和处理；仅选取

$Na^+ + K^+$、Ca^{2+}、Mg^{2+}、Cl^-、SO_4^{2-}、HCO_3^- 6 种离子作为判别水源的指标依据，仍以前 20 组水化数据作为训练样本，剩下的 6 组数据作为待测样本，如表 6-5所示。

表 6-5 矿井水化数据 （单位：mg/L）

编号	$Na^+ + K^+$	Ca^{2+}	Mg^{2+}	Cl^-	SO_4^{2-}	HCO_3^-	水源类型		
1	81.65	41.3	16.5	234.96	30.66	356.64	0	0	1
2	34.68	29.05	17.22	28.37	11.38	275.81	0	0	1
3	42.08	48.44	19.39	21.37	26.41	351.93	0	0	1
4	2.81	72.46	21.78	11.98	25.84	327.18	0	0	1
5	16.32	18.76	15.39	78.29	84.24	204.1	0	0	1
6	175.69	79.34	33.27	221.29	49.28	349.64	0	0	1
7	202.34	21.92	21.99	307.02	53.73	237.2	0	1	0
8	380.97	64.31	23.51	739.96	95.62	212.37	0	1	0
9	340.41	77.58	30.69	564.82	268.65	322.7	0	1	0
10	485.4	54.55	23.3	893.58	188.05	195.83	0	1	0
11	457.97	78.91	28.18	722.44	163.01	308.91	0	1	0
12	502.83	88.21	31.65	941.37	165.29	303.39	0	1	0
13	648.35	84.34	29.22	860.65	160.62	300.5	0	1	0
14	95.9	50.99	33.22	55.17	56.01	554.38	1	0	0
15	318.41	23.9	0	387.4	137.97	0	1	0	0
16	251.71	28.93	9.98	314.37	72.85	408.2	1	0	0
17	3.13	57.47	24.57	12.37	28.82	328.89	1	0	0
18	4.11	48.16	25.89	10.85	14.94	371.91	1	0	0
19	38.6	49.5	25.98	10.97	20.22	330.8	1	0	0
20	87.76	55.45	30.23	35.45	30.3	435.3	1	0	0
待测 1	133.73	73.92	32.16	192.18	93.34	405.44	0	0	1
待测 2	161.5	75.75	32.33	202.08	83.58	355.12	0	0	1
待测 3	249.86	91.54	32.42	284.47	22.55	375.29	0	0	1
待测 4	532.22	78.02	29.2	643.7	223.78	290.89	0	1	0
待测 5	596.17	56.45	23.4	800.56	123.34	209.78	0	1	0
待测 6	396.63	25.65	6.78	348.35	110.25	340.56	1	0	0

采用二进制对该矿的突水类型进行编码，其中(0 0 1)、(0 1 0)、(1 0 0)分别对应4～6煤顶板水、奥灰水、6 煤底至奥灰砂岩水。以 $Na^+ + K^+$、Ca^{2+}、Mg^{2+}、Cl^-、SO_4^{2-}、HCO_3^- 6 种离子浓度值作为输入，以三种突水类型的二进制编码作为输出，则输入层节点

数为6,输出层节点数为3。网络的训练函数为具有 Levenberg - Marquardt 最快速算法的 trainlm 函数,隐含层和输出层传递函数分别为 S 型 tansig 和 logsig。训练参数设定如下:目标误差1×10^{-10},最大训练次数1 000,学习速率0.04,结果显示周期为50。根据经验公式 $m=\sqrt{U+L}+a$(其中 U 为输入层节点数,L 为输出层节点数,a 为 1~10 之间的随机整数),采用试错法进行隐含层节点数的优选,当节点数为6时,BP 神经网络收敛性最好。因此,BP 神经网络采用 6×6×3 的网络结构模型。

遗传算法采用的是谢菲尔德遗传算法工具箱,权值与阈值总数为69,则遗传算法个体的长度为345,具体参数设定为:种群规模50,迭代次数50,变量长度5,代沟0.95,交叉0.8,变异0.1,并按照 GA 优化 BP 神经网络算法流程建立 GA - BP 神经网络模型。其优化过程的适应度进化曲线如图6-20所示。

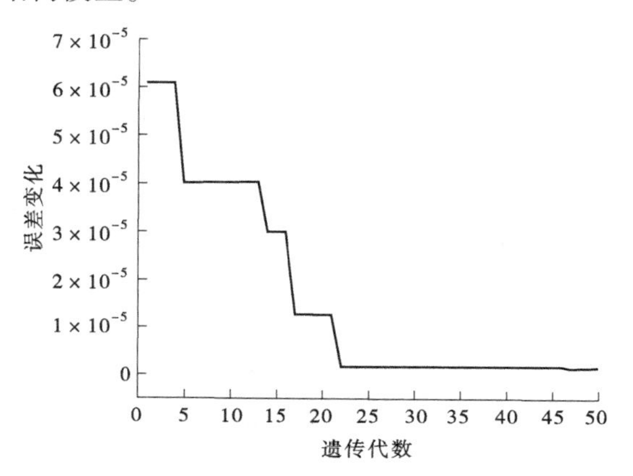

图6-20　**优化过程适应度进化曲线**

图6-20的优化过程适应度进化曲线记录了每一代的最小网络误差,可以看出,随着遗传代数的增加,遗传进化曲线呈递减趋势,表明了网络误差在逐渐减小。其中,当遗传代数达到第22代时,网络误差基本开始稳定,到第47代时略有下降,当达到第48~50代时,网络误差达到最小值,即$1.279\,3\times10^{-6}$。此时,将得到的权重和阈值作为 BP 网络的初始参数,建立 GA - BP 神经网络判别模型。

BP 神经网络训练结果如图6-21所示,GA - BP 神经网络训练结果如图6-22所示。

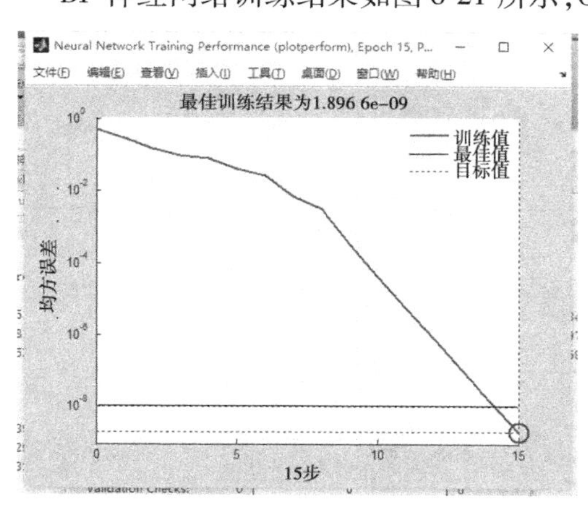

图6-21　**BP 神经网络训练结果**

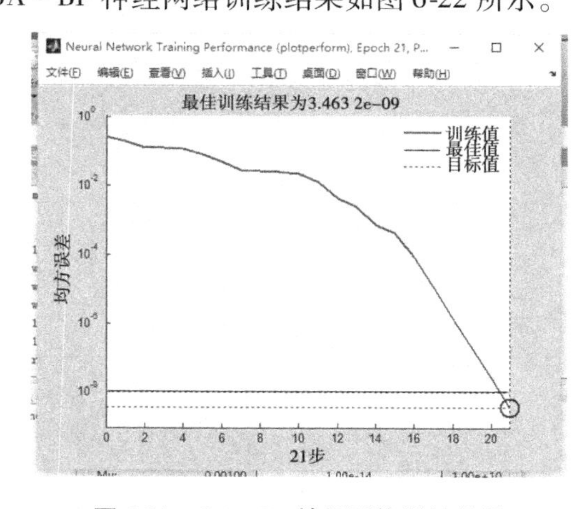

图6-22　**GA - BP 神经网络训练结果**

由图6-21可知,BP 神经网络在第15步就达到收敛,而且网络误差达到$1.896\,6\times10^{-9}$,采用 Levenberg - Marquardt 最快速算法 trainlm 函数的神经网络具有收敛速度快的优点;由图6-22可知,经过 GA 初始化的 BP 神经网络在第21步达到收敛,网络误差为

3.463 2 $\times 10^{-9}$。同时可以看出,BP 神经网络相比 GA - BP 神经网络,前者在训练过程中具有收敛快且误差小的优点。虽然 GA - BP 神经网络训练步数较多,误差精度稍差,但应该明确,网络好坏最主要的标准还是要看输出泛化性。如果 GA - BP 神经网络在待测样本的判别过程中输出精度高于 BP 神经网络,那么可以得知,GA - BP 神经网络的泛化性好于 BP 神经网络,从而可以印证 BP 神经网络具有易陷入局部最优、过拟合的缺点。从而可知,如果将具有全局进行寻优能力的 GA 算法与具有局部寻优能力较强的 BP 神经网络进行结合,那么所建立的 GA - BP 神经网络模型能够克服 BP 神经网络的缺点,提高神经网络的输出精度,从而提高判别准确性。

使用所建立的 BP 神经网络模型和 GA - BP 神经网络模型对表 6-5 的待测样本进行判别,判别结果见表 6-6。

表 6-6　判别结果

待测样本	BP 神经网络	GA - BP 神经网络	BP 误差	GA - BP 误差	判别结果	是否正确
1	0.000 218 0.000 170 0.999 729	0.000 080 0.000 002 0.999 860	3.86e - 04	1.61e - 04	4 ~ 6 煤顶板水	正确
2	0.000 071 0.000 122 0.999 785	0.000 009 0.000 003 0.999 983	2.57e - 04	1.91e - 05	4 ~ 6 煤顶板水	正确
3	0.000 042 0.001 340 0.999 995	0.000 002 0.000 003 0.999 995	1.34e - 03	6.42e - 06	4 ~ 6 煤顶板水	正确
4	0.000 000 0.999 994 0.000 045	0.000 003 0.999 999 0.000 001	4.55e - 05	3.02e - 06	奥灰水	正确
5	0.000 000 0.999 990 0.000 001	0.000 001 1.000 000 0.000 004	9.78e - 06	4.45e - 06	奥灰水	正确
6	0.999 993 0.000 007 0.000 000	0.999 995 0.000 003 0.000 005	9.69e - 06	7.66e - 06	6 煤底至奥灰砂岩水	正确

由表 6-6 可知,BP 神经网络模型和 GA - BP 神经网络模型均能对 6 组待测样本进行准确判别。仅在第 5 组、第 6 组待测样本判别输出中,BP 神经网络模型较 GA - BP 神经网络模型稳定,前者的误差分别为 9.78 $\times 10^{-6}$、9.69 $\times 10^{-6}$。而其他 4 组待测样本的判别

输出,后者在第2组、第3组、第4组待测样本的输出精度要高于前者的输出,特别是在第3组上输出精度要差3个数量级。经计算可知,BP神经网络判别模型输出的平均误差为3.41×10^{-4},GA-BP神经网络模型输出的平均误差为3.36×10^{-5},平均误差精度相差两个数量级,因此后者的输出精度更高。同时绘制了二者输出的误差折线对比图,如图6-23所示。

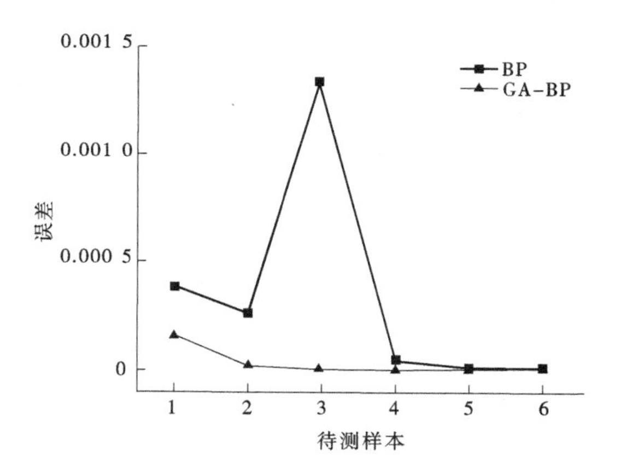

图6-23 输出误差折线对比图

图6-23更为直观地显示出,GA-BP神经网络判别模型在6组待测样本的输出误差上更为平缓,而BP神经网络模型的误差折线变化幅度较大,即GA-BP神经网络模型在突水水源判别上能够提供更准确、更可靠的判别结果,因此经过遗传算法优化过的BP神经网络在应用中泛化性更强、稳定性更高。

6.3.3.4 MPSO-BP神经网络在矿井突水水源判别中的应用

1. 标准的粒子群算法

粒子群算法(Particle Swarm Optimization,简写为PSO)是由J. Kennedy和R. C. Eberhart通过研究鸟群行为于1995年共同提出的一种群体智能算法,该算法具有简单、快速、容易实现、搜索能力强等优点,目前已广泛应用于信号处理、模式识别、优化神经网络等领域。为了改善此算法的收敛性能,Shi与Eberhart于1998年引入了惯性权重,并对速度更新方程进行修改,提出了标准粒子群(Standard Particle Swarm Optimization,简写为SPSO)算法,如下所述:

设D维搜索空间中第j个粒子的位置为$\vec{X}_j=(x_{j1},x_{j2},\cdots,x_{jd})$,$x_j$对应的适应度值由目标函数提供,$\vec{V}_j=(y_{j1},y_{j2},\cdots,y_{jd})$表示第$j$个粒子的飞行速度。在粒子群算法中,每个粒子记录自身迄今为止搜寻到适应度最好的位置$\vec{p}_j=(p_{j1},p_{j2},\cdots,p_{jd})$,并从这些最优解中找到群体迄今搜寻到的最优位置$\vec{p}_g=(p_{j1},p_{j2},\cdots,p_{jd})$,经过数次迭代循环,最终找到全局最优解。

粒子群算法速度及位置进化方程:

$$\vec{V}_j(t+1)=\omega\vec{v}_j(t)+c_1r_1(\vec{p}_j(t)-\vec{x}_j(t))+c_2r_2(\vec{p}_g(t)-\vec{x}_j(t)) \tag{6-15}$$

$$\vec{x}_j(t+1)=\vec{x}_j(t)+\vec{v}_j(t) \tag{6-16}$$

式中 ω——惯性权重;

c_1——认知系数;

c_2——社会系数;

r_1、r_2——均匀分布的随机数,$r_1,r_2\in[0,1]$;

t——迭代次数。

当 $t=0$ 时,令个体历史最优位置为当前位置,群体历史最优位置为当前群体最优位置。$\vec{p}_j$ 表示微粒 j 在前 t 代中搜寻到的最优位置,对于最小化问题而言,目标函数越小,对应适应值就越小,其更新规则为:

$$\vec{p}_j = \begin{cases} \vec{p}_j(t-1) & f(\vec{p}_j(t)) > f(\vec{p}_j(t-1)) \\ \vec{x}_j(t) & \text{其他} \end{cases} \tag{6-17}$$

而群体历史最优位置 $\vec{p}_g(t)$ 更新规则为:

$$\vec{p}_g(t) = \min\{f(\vec{p}_j(t)) \mid j = 1,2,\cdots,m\} \tag{6-18}$$

式中　m——种群规模。

为了保证粒子中变量的有效性,算法定义了一个最大速度上限 V_{max},即

$$|V_{jk}(t+1)| \leq V_{max} \tag{6-19}$$

2. 改进的粒子群优化算法

改进的粒子群(Modified Particle Swarm Optimization,简写为 MPSO)算法是对 SPSO 算法参数及策略的改进。SPSO 算法中,主要由三部分组成,式(6-15)中的第一部分表示粒子先前速度所起的惯性作用,其大小表征了全局搜索与局部搜索的权衡关系;第二、第三部分分别表示粒子的"认知"和"社会"部分。如果算法只保留这两项,则粒子的速度取决于个体和群体历史最优位置,失去了对先前粒子速度的继承性,导致粒子只追随当前群体最优位置,从而失去了发现更优位置的能力,使算法陷入了局部最小。因此,速度进化方程中的各项对算法的性能起着至关重要的作用。为进一步增强算法搜索性能,作者拟在惯性权重、认知系数和社会系数上对 SPSO 算法进行改进,同时,拟引入随机变异算子,采取速度变异策略,确保种群的多样性,从而增强算法后期的全局搜索能力,以期克服 SPSO 算法过早收敛、易陷入局部最小的缺点。

1)惯性权重

惯性权重 ω 是 SPSO 算法的一个重要参数,通常认为较大的惯性权重能够增强算法的全局搜索能力,较小的权重则增强算法的局部搜索能力。SPSO 算法通常采用固定值,后来多将 ω 设为线性递减,例如,由 1.4 到 0,由 0.95 到 0.2,由 0.9 到 0.4 等,线性递减改变惯性权重的策略,在实际的搜索过程中,不能有效地反映出微粒群复杂的非线性行为,因此这里拟采用按照指数方式调整惯性权重的非线性策略,图 6-24 是式(6-20)的惯性权重调整曲线。

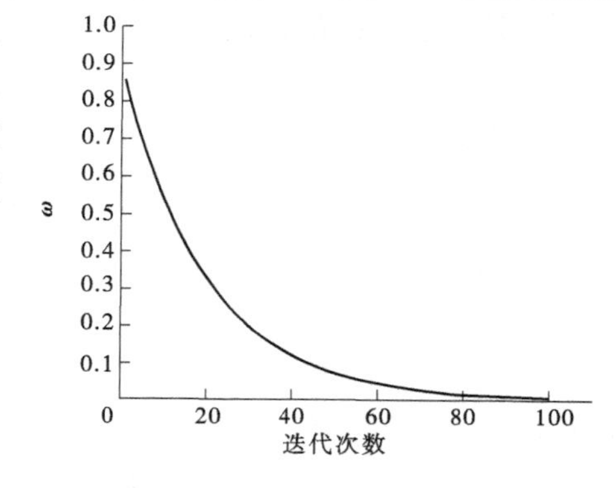

图 6-24　惯性权重调整曲线

$$\omega = \omega_{max} \cdot \exp(-\rho \frac{t}{T}) \tag{6-20}$$

式中　ω_{max}——惯性权重最大值,一般取 0.9;

ρ——控制参数,取 5.0;

t——当前的迭代次数;

T——最大迭代次数。

从图6-24中可以看出，在搜索初期，ω 取较大值，具有较强的全局搜索能力，当达到搜索中期，ω 缓慢下降，逐步转入局部搜索阶段，即由全局粗搜索转为局部精细搜索，通过对 Shubert 函数测试，其性能远优于传统调整策略。

2）认知系数与社会系数

认知系数 c_1 与社会系数 c_2 对 SPSO 算法的局部搜索能力起着关键作用，决定了粒子飞行的步长。步长过大，可能会错过最优位置；过小，可能使算法陷入局部最优甚至出现不收敛现象。Shi 和 Eberhart 建议二者应取2.0，也有学者认为，应取 1.494。为了保持粒子种群的多样性和提高收敛速度，这里拟采用动态的调整策略，即认知系数 c_1 从 2.5 线性递减至 0.5，而社会系数 c_2 则从 0.5 线性递增至 2.5，如下所示。

$$c_1 = 2.5 - 2.0 \times (t-1)/(T-1) \tag{6-21}$$

$$c_2 = 0.5 + 2.0 \times (t-1)/(T-1) \tag{6-22}$$

3）随机变异算子

在 SPSO 算法后期，由于惯性权重、认知系数的减小，社会系数的增大，粒子逐渐趋向于群体历史最优位置附近。在这个过程中，一方面，种群多样性会逐渐减弱；另一方面，算法处在精细搜索阶段，随着全局搜索能力的减弱，搜索空间不断缩小，极有可能陷入局部最优。因此，为了保证算法后期在不失局部搜索能力的同时，也具备全局搜索能力，从遗传算法中的变异操作得到启示，从而将随机变异算子引入 SPSO 算法中，对部分粒子进行变异处理，即在保证大多数粒子保持原有方向进化的前提下，少数粒子发生位置变异，确保尽可能跳出局部最优的位置，如此一来，不仅增加了解的多样性，拓宽了搜索空间，而且避免了 SPSO 算法过早收敛的问题，有效地提高了算法的寻优性能。

速度变异策略为：

$$V_{jk}(t) = \begin{cases} 0.5V_{\max}r & rand < 0.5 \\ -0.5V_{\max}r & \text{其他} \end{cases} \tag{6-23}$$

式中 j——某变异粒子；

k——第 k 维变量；

$r,rand$——两个[0,1]的随机数。

3. 建立 MPSO - BP 神经网络模型

使用具有全局搜索能力的 MPSO 算法对 BP 神经网络的初始权值和阈值进行全局寻优，然后将优化过后的权值和阈值反馈给 BP 神经网络，再使用具有局部寻优能力的 BP 神经网络进行小范围的精确寻优，做到二者的优势互补，从而建立二者相结合的 MPSO - BP 神经网络模型。该模型提高了 BP 神经网络的收敛速度，克服了 BP 神经网络初始权值与阈值的随机性，能够使 BP 神经网络的全局误差最小化，提高 BP 神经网络的判别输出精度。其具体实现步骤如下：

（1）种群初始化：确定维数 D 和群体规模 m，初始化粒子种群位置和速度，确定 $X_{\min}$、$X_{\max}$ 及 $V_{\max}$。

（2）参数初始化：根据式（6-20）~式（6-22）确定 ω、c_1、c_2。

（3）根据 BP 神经网络的误差，设计适应度函数，根据式（6-24）计算当前粒子群适应度

f,设当前粒子为个体历史最优解 $\vec{p_j}$,当前群体中适应度最好的粒子为群体历史最优解 $\vec{p_g}$。

$$f = \frac{1}{4N}\sum_{j=1}^{N}\sum_{i=1}^{n}(y_{i,j} - Y_{i,j})^2 \tag{6-24}$$

式中　N——训练样本数量;

n——BP 神经网络输出节点个数;

$y_{i,j}$——第 j 个样本的第 i 个节点的实际输出值;

$Y_{i,j}$——第 j 个样本的第 i 个节点的期望值。

(4)由式(6-15)更新下一代粒子速度。

(5)产生随机数 p_m,当 p_m 大于变异率时,根据式(6-23)产生变异粒子的速度序列,并随机取代除最优位置外的粒子速度,否则,直接转到步骤(6)。

(6)由式(6-19)调整粒子速度。

(7)由式(6-16)更新下一代粒子位置,并计算粒子群的适应值 f。

(8)更新各粒子的个体历史最优位置与群体历史最优位置。

(9)循环迭代步骤(4)~(8),如果达到结束条件,则停止计算,输出最优解 $\vec{p_g}$。

(10)将 $\vec{p_g}$ 作为 BP 神经网络的初始权值和阈值,并建立优化后的 BP 神经网络模型。MPSO 优化 BP 神经网络的算法流程如图 6-25 所示。

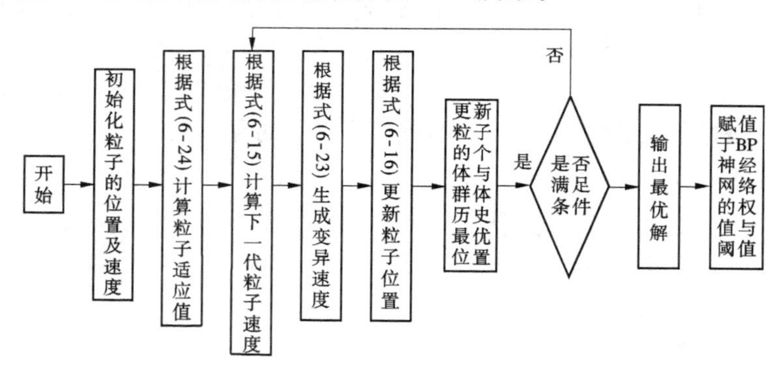

图 6-25　优化算法流程

4. 实例应用

1)数据预处理

以聂凤琴等(2013)矿井水化数据为例,样本的设置均与 6.3.3.3 中的一致。考虑到不同水源类型的样本所包含的离子浓度值差异较大,过大或过小的输入值将使神经网络节点的输出进入饱和区,为防止某些数值低的特征被淹没,且保留其原始意义,需要将数据进行归一化处理。公式如下:

$$y_i = \frac{x_i - x_{\min}}{x_{\max} - x_{\min}} \tag{6-25}$$

式中　y_i——输出数据;

$x_{\min}$——各样本中的最小值;

$x_{\max}$——各样本中的最大值;

x_i——输入数据。

2)模型设计

BP 神经网络的输入层神经元个数为 6,表示 6 种判别指标;为了提高神经网络的运算效率,隐含层采用单层结构,其中神经元个数由经验公式和试错法来确定,设为 6;输出层神经元个数根据突水类型数目设定为 3。考虑到线性与非线性激励函数组合能够逼近任意映射关系和输出层值域,隐含层激励函数为线性 purelin 函数,输出层激励函数为 S 型 logsig 函数,样本训练函数采用具有 Levenberg - Marquardt 最快速算法的 trainlm 函数,具体参数设置见表 6-7。为了体现改进后的粒子群算法的优势,分别使用 MPSO、SPSO 算法对 BP 神经网络进行初始权值与阈值的全局寻优,MPSO、SPSO 算法的具体参数设定见表 6-8,其中,维数 D 视 BP 网络结构而定,在此 $D = 6 \times 6 + 6 + 6 \times 3 + 3 = 63$。

表 6-7　BP 神经网络参数设定

网络结构	隐含层激励函数	输出层激励函数	训练函数	最大训练次数	误差精度	学习率
6×6×3	purelin	logsig	trainlm	1 000	0.000 01	0.04

表 6-8　MPSO、SPSO 算法的参数设定

算法	D	粒子数量	T	ω	c_1	c_2	r_1、r_2	变异算子	v_{max}	x
SPSO	63	20	1 260	线性递减	2	2	[0,1]	无	1.9	[-1,1]
MPSO	63	20	1 260	指数递减	2.5 ~ 0.5 线性递减	0.5 ~ 2.5 线性递增	[0,1]	概率 0.9	1.9	[-1,1]

使用 newff(minmax(pn),[6,3],{'purelin','logsig'},'trainlm')语句建立了 6×6×3 的 BP 神经网络判别模型。同时,根据表 6-8 中 MPSO 的参数设置,按照图 6-25 的算法流程进行 BP 神经网络的训练,将使用 MPSO 算法搜索到的最优解作为 BP 神经网络的初始设置,进而建立 MPSO - BP 判别模型,SPSO - BP 判别模型的建立与之类似(此处略)。两种算法在优化过程中的适应度进化曲线如图 6-26 所示。

由图 6-26 的适应度进化曲线可知,在进化代数相同的条件下,MPSO 算法和 SPSO 算法在全局寻优过程中适应度的值 f 均呈现减小趋势,这体现了两种模型中的 BP 神经网络在样本训练过程中逐渐达到了各自的全局误差最小化,达到了优化算法对 BP 神经网络优化的目的。另外,可以看出 MPSO 算法对 BP 神经网络的优化效果明显优于 SPSO 算法,MPSO 算法的进化曲线出现第一个水平直线段,即未进化阶段出现在第 2 代至第 11 代,适应度值由第 1 代的 1.007 766 减小为第 2 代的 1.001 263,在之后的 10 次迭代过程中,一直未变化;在第 12 代,进化曲线出现了较大的进化,适应度值由 1.001 263 减小为 0.506 506,此次的适应度值减小量很明显,在之后的 50 次迭代过程中,进化曲线一直未改变,即进化曲线的第二个水平直线段;当进化曲线由第 61 代进化到第 62 代,适应度值由之前的 0.506 506 减小为 0.402 340,在之后的 6 次迭代中,适应度值没有继续改变,即

第三个水平直线段；适应度值从第 68 代的 0.402 340 减小为第 69 代的 6.604 42 × 10^{-4}，进化曲线再次出现了大幅度的进化，而后，从第 69 代一直到第 1 212 代，MPSO 算法仍不断地收敛，进化曲线持续地进化，适应度值一直呈减小趋势，在第 1 212代之后，进化曲线不再变化，适应度值一直保持在 1.497 51 × 10^{-4}，此时表明该算法已收敛，式(6-24)达到 MPSO 算法搜索空间中的全局最小，将此时的解 $\vec{p}_g$ 输出，作为 BP 神经网络的初始权值和阈值并进行 BP 神经网络局部精细寻优。而 SPSO 算法的进化曲线出现第一次水平直线段是从第 1 代到第 25 代，适应度值一直没有变化，从第 25 代到第 26 代，进化曲线发生了进化，适应度值由 1.005 103减小为 1.003 093，从第 26 代到 32 代，进化曲线一直是减小的，在此期间的适应度值减小量较大，从第 32 代开始，一直到第 108 代，在此之间的 76 代中，适应度值一直为 0.396 900，这是 SPSO 算法进化曲线的第二个水平直线段，从第 108 代到第 109 代，进化曲线发生了进化，适应度值从 0.396 900 减小为 0.209 942，在此之后的 68 代中，进化曲线一直未进化，适应度一直停留在 0.209 942，即进化曲线的第三个水平直线段，从第 177 代到第 178 代，进化曲线发生了进化，适应度值由 0.209 942 减小为 0.040 270，此次的适应度值减小量较为明显，从第 178 代到第 326 代，进化曲线停止进化，出现了进化曲线的第四个水平直线段，在第 326 代之后一直到第 634 代进化曲线再次出现了一次较长的水平直线段，从第 634 代到第 635 代，进化曲线发生了进化，适应度值由 0.021 786 减小为 0.008 593，从第 635 代之后，一直到迭代终止条件第 1 260 代之间，进化曲线停止进化，表示在第 635 代，SPSO 算法已经收敛完毕；在第 635 代 SPSO 算法锁定了全局最小值的范围，并以此为据，转入下一个阶段的流程：BP 神经网络的局部最小值搜寻。

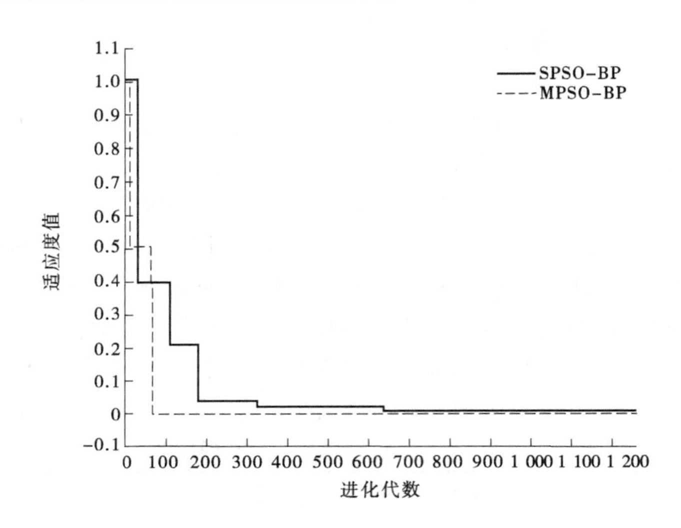

图 6-26　两者的适应度进化曲线

在第 635 代之前，MPSO 算法优化 BP 神经网络的整个过程中出现了三次较大的水平直线段，直线段所占据代数分别为 10 代、50 代、60 代，而 SPSO 算法优化 BP 神经网络的整个过程中出现五次较大的直线段，直线段所占据的代数分别为 24 代、68 代、76 代、148 代、208 代，进化曲线的水平直线段较多，且存在时间长，表明所使用的算法无法立即摆脱局部极值点的吸引，并由此长期地陷入局部最优位置，可以看出，使用 MPSO 算法仅出现 3 次，SPSO 算法则出现 5 次，前者不仅次数少而且进化代数少，即表示算法寻优能力前者较后者强；也可以看出，MPSO 算法在整个过程进化曲线折弯较少，并能够快速地下降，MPSO 算法则相反，进化曲线折弯较多，这也说明 MPSO 算法优于 SPSO 算法。

SPSO 算法的进化曲线在第 635 代停止进化，表明 SPSO 算法在第 635 代就已经收敛完毕，反映出后期所有的微粒都向最优解方向飞去，微粒群趋于同一化，使得收敛到一定精度后，后期无法继续优化，而 MPSO 算法的进化曲线在第 635 代之后仍然进化，虽然在第 69 代，适应度值已经足够小，但是一直到第 1 212 代，进化曲线所呈现的是持续地减少趋势，由此可以看出，MPSO 算法的粒子全局搜索能力更强，能够有效克服 SPSO 算法容易陷入局部最优、搜索精度不高的缺点，其优化效果要好于 SPSO 算法。

MPSO 算法在第 12 代、第 69 代出现了两次较大的进化，并达到了较小的适应度值 $6.604\ 42\times10^{-4}$，而 SPSO 算法在第 26 代有一次小幅的进化，在第 32 代、第 109 代、第 178 代出现三次较大的进化，再经两次小幅的进化，适应度值变为 0.008 593，可以看出，此时的适应度值比较结果为：前者小于后者；如果兼顾公平比较原则，均以第 69 代为截点，SPSO 算法在第 69 代所能够提供的最小适应度值为 0.396 900，则适应度值的比较结果为：前者小于后者，二者相差将近 1.0×10^{-5} 的数量级，并且 MPSO 算法在整个优化过程中，进化曲线能够更快速地下降，由此可以得知，相比于 SPSO 算法，MPSO 算法能够使 BP 神经网络收敛速度更快，而且收敛精度更高。

使用所建立的 MPSO－BP 神经网络模型、SPSO－BP 神经网络模型和 BP 神经网络模型对表 6-5 的 6 组待测样本进行水源类型判别，判别结果如表 6-9 所示。

表 6-9　判别结果

待测样本	BP	SPSO－BP	MPSO－BP	期望输出	是否正确
d_1	0.000 000	0.000 000	0.000 000	0	是
	0.000 000	0.000 000	0.000 000	0	
	1.000 000	1.000 000	1.000 000	1	
d_2	0.000 000	0.000 000	0.000 000	0	是
	0.000 000	0.000 000	0.000 000	0	
	0.999 999	0.999 999	0.999 999	1	
d_3	0.000 000	0.000 000	0.000 000	0	是
	0.083 688	0.008 283	0.000 000	0	
	1.000 000	1.000 000	1.000 000	1	
d_4	0.000 000	0.000 000	0.000 000	0	是
	0.986 015	0.997 713	0.999 929	1	
	0.000 000	0.000 000	0.000 000	0	
d_5	0.000 000	0.000 000	0.000 000	0	是
	0.999 865	0.999 982	0.999 994	1	
	0.000 000	0.000 008	0.000 000	0	
d_6	0.999 999	0.999 999	1.000 000	1	是
	0.000 000	0.000 001	0.000 132	0	
	0.000 000	0.000 000	0.000 000	0	

由表 6-9 可知，三种判别模型均对 6 组待测样本做出了准确判别，为了对比两种算法

优化 BP 神经网络的优劣，引入平方和误差和误差平均值作为评价指标，对表 6-9 的判别结果做误差分析，如表 6-10 所示。

表 6-10　误差分析

待测样本	算法	平方和误差	误差平均值
d_1	BP	2.36e-27	7.87e-28
	SPSO-BP	1.29e-28	4.31e-29
	MPSO-BP	3.24e-39	1.08e-39
d_2	BP	1.96e-11	6.53e-12
	SPSO-BP	3.98e-12	1.33e-12
	MPSO-BP	3.67e-13	1.22e-13
d_3	BP	8.37e-02	2.79e-02
	SPSO-BP	8.28e-03	2.76e-03
	MPSO-BP	4.76e-07	1.59e-07
d_4	BP	1.40e-02	4.66e-03
	SPSO-BP	2.29e-03	7.62e-04
	MPSO-BP	7.08e-05	2.36e-05
d_5	BP	1.35e-04	4.51e-05
	SPSO-BP	1.72e-05	5.72e-06
	MPSO-BP	5.56e-06	1.85e-06
d_6	BP	6.64e-08	2.21e-08
	SPSO-BP	7.25e-07	2.42e-07
	MPSO-BP	1.32e-04	4.39e-05

由表 6-9 和表 6-10 可以看出，MPSO-BP、SPSO-BP、BP 模型均能准确判别突水水源；误差平均值是平方和误差的间接体现，具有反映网络模型 3 个输出节点的输出效果，能够反映出与平方和误差同样的现象和规律。从平方和误差的角度来看，第一组测试样本的判别精度最高，平方和误差均达到了 1.0×10^{-27} 数量级，其中的 MPSO-BP 模型甚至达到 1.0×10^{-39} 数量级，而第三组样本的判别精度最差，BP 模型的精度仅为 1.0×10^{-2} 数量级；从前 5 组的判别结果中来看，MPSO-BP 模型的判别精度高于 SPSO-BP 模型，SPSO-BP 模型高于 BP 模型，BP 模型的最低，第 6 组判别精度的比较结果则完全相反，但亦能看出三种模型的输出精度均在 1.0×10^{-4} 的数量级以上，精度也是非常的高；经计算可知，MPSO-BP 模型输出的平均平方和误差为 3.48×10^{-5}，SPSO-BP 模型输出的平均平方和误差为 1.76×10^{-3}，BP 模型输出的平均平方和误差为 1.63×10^{-2}，MPSO-BP 模型与 SPSO-BP 模型相比相差 2 个数量级，与 BP 神经网络模型相差 3 个数量级，而 SPSO-BP 神经网络模型与 BP 神经网络模型相差 1 个数量级，可以看出，MPSO-BP 模型判别的输出精度更高，泛化性最强，SPSO-BP 神经网络模型次之，BP 神经网络模型最低。

三种判别模型对 6 组待测样本进行判别输出的误差对比图如图 6-27 所示。

由图 6-27 可知，三种模型的判别误差在第 3 组、第 4 组出现了较大的波动，其中 BP 模型波动最大，SPSO-BP 模型次之，而 MPSO-BP 模型最为平稳。表明了改进的微粒群算法对 BP 神经网络的优化效果最好,输出结果最为稳定。因此,所建立的 MPSO－BP 模型对不同水源的样本判别具有较强的适用性和准确性。

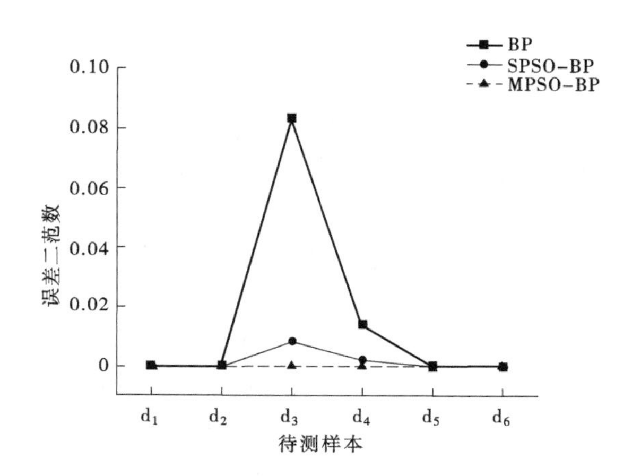

图 6-27 误差折线对比图

综合表 6-9、表 6-10 及图 6-27,对泛化性最强的 MPSO－BP 模型的输出做进一步分析:第 1 组、第 2 组、第 3 组样本均来自 4～6 煤层顶板水水源,其判别输出的平均平方和误差是 1.59×10^{-7},第 4 组、第 5 组样本均来自于奥灰水水源,其判别输出的平均平方和误差是 3.82×10^{-5},第 6 组样本来自 6 煤底至奥灰砂岩水水源,仅有一组样本。因此,其判别输出的平均平方和误差暂认为是 1.32×10^{-4},则可以得知,MPSO－BP 模型对 4～6 煤层顶板水突水水源判别最为精确,对于奥灰水突水水源判别精度次之,对于 6 煤层底至奥灰砂岩水突水水源判别精度最差;同时发现的矿井水化数据,4～6 煤层顶板水水源的样本为 6 组,奥灰水水源的样本为 7 组,6 煤层底至奥灰砂岩水水源的样本为 7 组,第 1 组的样本数量小于后两者,但是判别模型对 4～6 煤层顶板水水源的判别却最为精确,由此可推知,训练样本的多少对神经网络判别模型的建立影响很大,但样本的水化数据是否具有代表性和准确性尤为重要,对于奥灰水水源和 6 煤层底至奥灰砂岩水水源判别精度低的原因可能是,二者较为邻近,在取样过程中可能存在错误的操作,也可能两类水源在某些断裂位置存在了沟通,使二者发生了一定的混合。因此,在确定训练样本时,在丰富样本数量库的前提下,应尽量收集一手原始资料,并注意水化数据采集过程操作的准确度,从而确保样本水化数据具有代表性和准确性。

6.3.3.5 ACPSO－BP 神经网络在矿井突水水源判别中的应用

1. 权重自适应调整策略

惯性权重 ω 在基本粒子群算法中是一个固定值,而后经多次改进,提出了多种调整策略,如线性衰减策略、指数衰减策略、逻辑斯蒂映射(Logistic Map)策略等,而采用 ω 从 0.9 线性衰减至 0.4,已成为当前默认的标准粒子群算法如式(6-26)所示:

$$\omega = \omega_{max} - \frac{\omega_{max} - \omega_{min}}{iter_{max}}k \tag{6-26}$$

式中 ω_{max}——初始权重;

ω_{min}——最终权重;

$iter_{max}$——最大迭代次数;

k——当前迭代次数。

从式(6-26)可以看出,在算法前期,ω 较大,表明粒子群处于全局搜索状态,随着迭代次数的增加,逐步转为局部搜索状态。这种改进,使得粒子群算法的性能在原有基础上有了很大的提高。

2. 早熟判定机制

粒子群算法在执行过程中，整个种群会追随当前最优粒子，并同时搜索所经位置。如果全局最优位置在当前种群中或种群附近，那么粒子在聚集时，极有可能搜索到这个全局最优位置；如果全局最优位置不在或距当前种群较远，由于算法后期粒子已转入局部搜索阶段，粒子失去了原有"活力"（全局搜索能力），无法跳出当前最优位置，而去寻找更优位置，从而导致算法出现所谓的"早熟"收敛现象。

为解决该问题，首先对"早熟"收敛这一现象进行判定，为此拟引入适应度方差判定策略。为使算法更具合理性，在此基础上附加一条规则，即如果最优位置和最优适应度在10次连续迭代中，在一定阈值内发生变化，则认定当前种群已经陷入了局部最小，出现了"早熟"收敛现象，此时，粒子会向种群最优位置聚集，而个体位置决定了个体适应度的大小。因此，可以根据种群适应度的整体变化来判断种群所处的状态。

种群适应度方差 σ^2 定义为：

$$\sigma^2 = \frac{1}{m}\sum_{i=1}^{m}\left(\frac{f_i - f_{avg}}{f}\right)^2 \tag{6-27}$$

式中 m——粒子群的粒子总数；

f——归一化定标因子，用以限制 σ^2 的大小；

f_i——第 i 个粒子的适应度值；

f_{avg}——粒子群当前的平均适应度值。

其中

$$f = \begin{cases} \max\limits_{1 \leqslant i \leqslant m} |f_i - f_{avg}|, & \max|f_i - f_{avg}| > 1 \\ 1 & 其他 \end{cases} \tag{6-28}$$

由式(6-27)、式(6-28)可以看出，适应度方差越小，表明种群聚集程度越大；反之，则聚集程度越小。在应用中，需要设定一个阈值 φ，当 $\sigma^2 < \varphi$，并满足附加规则时，即判定为"早熟"收敛现象。

3. 混沌映射原理

混沌是指发生在确定性系统中，貌似随机的不规则运动，一个确定性理论描述的系统，其行为却表现出不确定性——不可重复、不可预测，这就是混沌现象。混沌现象是非线性系统普遍存在的现象，它具有随机性、遍历性、规律性等特点，将其应用于微粒群中，一方面，使微粒能够在解空间中随机而不重复地遍历到任意空间位置；另一方面，当微粒群陷入局部最小时，通过混沌映射使其有机会跳出局部最小，而去寻找全局最优，从而解决了算法"早熟"收敛的问题。

最显著的混沌系统是由 Logistic 方程得出的，使用 Logistic 方程对粒子群进行速度和位置的初始化，改善了标准粒子群算法在迭代过程中容易出现的"早熟"收敛问题。笔者采用 Logistic 和 Tent 混沌映射对不同维数的测试函数进行测试，发现针对高维多峰问题解，Tent 映射的遍历性明显优于 Logistic 映射，其寻优结果更为稳定。考虑 BP 神经网络参数较多，又属于多峰值问题，故这里采用 Tent 映射关系，其方程如式(6-29)所示：

$$x_{k+1} = G(x_k) \tag{6-29}$$

其中

$$G(x_k)=\begin{cases}\dfrac{x_k}{0.7} & x_k<0.7\\ \dfrac{1}{0.3}x_k(1-x_k) & \text{其他}\end{cases}\tag{6-30}$$

令初值 $x_0=0.4$,迭代 1 000 次可得 Tent 映射离散关系图,如图 6-28 所示。

由图 6-28 可知,Tent 映射在 1 000 次迭代过程中,其值在[0,1]范围内随机均匀分布,且不出现重复现象,这说明 Tent 混沌映射具有较强的随机性和遍历性。利用其映射特性,能够使种群个体随机遍历到解空间任意位置,不仅能够提高解的质量,而且为算法跳出局部位置提供了可能性。

初值取值范围为[0,1],步长为 0.01,每个初值迭代 100 次,可以得到 Tent 映射的初值敏感度关系图,如图 6-29 所示。

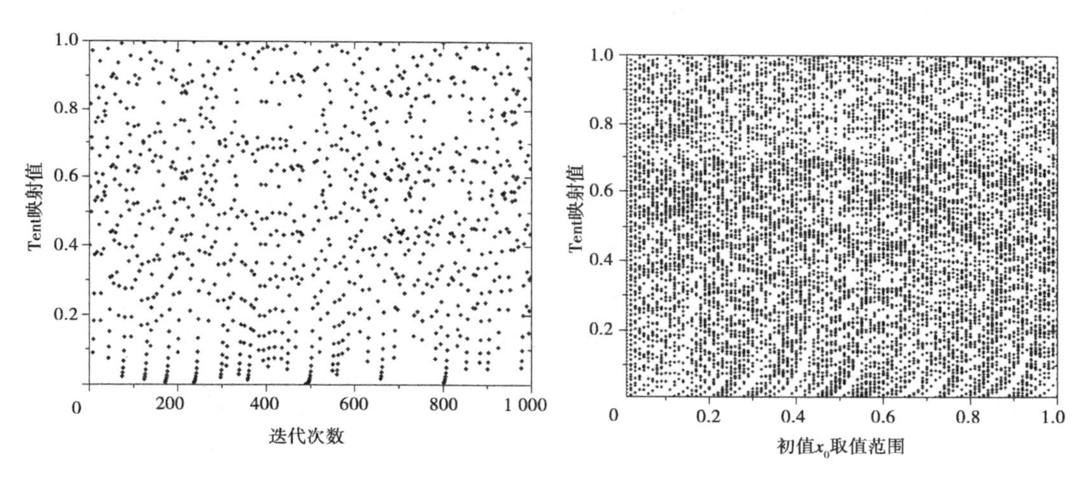

图 6-28 Tent 映射离散关系

图 6-29 Tent 映射的初值敏感度

由图 6-29 可知,Tent 映射对初值极其敏感,纵向对比可以看出,同一初值的 Tent 映射值在[0,1]分布非常均匀,这一特性再次保证了混沌粒子能够均匀遍历到任意解空间;横向对比可以看出,在不同初值的扰动下,Tent 映射值的离散度较高,使同一混沌粒子变量之间并没有表现出传统的"规律性",而是出现了极其复杂的混沌现象,这一特性较自适应变异微粒群来说,一方面,保证了单一变量独立演化的随机性;另一方面,也使变量之间具有一定的配合关系,因而能够获得"优质"的混沌序列。

4. 自适应混沌粒子群优化 BP 神经网络

自适应混沌粒子群算法(Adaptive Chaos Particle Swarm Optimization,简写为 ACPSO)是为克服标准粒子群算法"早熟"收敛问题,而将早熟判断机制和混沌映射机制引入标准粒子群算法中,使其能够跳出局部最优,并加快收敛速度的优化算法。作者在种群初始化、随机数、"早熟"收敛三个方面引入了 Tent 混沌映射机制,并将其与 BP 神经网络相结合,以期得到一个最优结构的突水水源判别模型。

ACPSO - BP 神经网络模型算法流程如下:

步骤1　设定惯性权重 ω、学习因子 c_1 和 c_2、速度上下限 v_{max} 和 v_{min}、位置上下限 z_{min} 和 z_{max}、最大迭代次数 $iter_{max}$、混沌搜索迭代次数 M、阈值 φ。

步骤2　确定种群规模大小 m，根据神经网络结构确定微粒维数 D，利用 Tent 混沌映射初始化种群。

步骤3　根据式(6-15)、式(6-16)更新微粒速度与位置。

步骤4　根据式(6-31)，计算微粒适应度，并根据适应度更新个体最优值 $\vec{p}_i$ 和群体最优值 $\vec{p}_g$。

$$F = \frac{1}{4N}\sum_{j=1}^{N}\sum_{i=1}^{n}(y_{i,j} - Y_{i,j})^2 \tag{6-31}$$

式中　N——训练样本数量；

n——网络输出节点个数；

$y_{i,j}$——网络第 j 个样本的第 i 个节点的实际输出值；

$Y_{i,j}$——网络第 j 个样本的第 i 个节点的期望值。

步骤5　根据式(6-27)、式(6-28)计算微粒群的适应度方差 σ^2，并结合上文内容判定是否出现"早熟"收敛现象，如果是，转入步骤6，否则，转入步骤7。

步骤6　混沌搜索。以当前群体最优位置 $\vec{p}_g$ 为初始值，产生 M 个混沌序列：

(1)通过式(6-32)将 $\vec{p}_g$ 映射到[0,1]定义域上：

$$\vec{x}_1^k = \frac{\vec{p}_g - \vec{p}_{min}^k}{\vec{p}_{max}^k - \vec{p}_{min}^k} \tag{6-32}$$

(2)根据式(6-29)、式(6-30)将 $\vec{x}_1^k$ 进行 M 次迭代，得到混沌序列 $\vec{x}^k = (\vec{x}_1^k, \vec{x}_2^k, \cdots, \vec{x}_M^k)$。

(3)根据式(6-33)将混沌序列逆映射回原解空间：

$$\vec{p}_{g,m}^{*k} = \vec{p}_{min}^k + (\vec{p}_{max}^k - \vec{p}_{min}^k)\vec{x}_m^k \quad (m = 1,2,\cdots,M) \tag{6-33}$$

从而产生一个混沌变量可行解序列：

$$\vec{p}_g^{*k} = (\vec{p}_{g,1}^{*k}, \vec{p}_{g,2}^{*k}, \cdots, \vec{p}_{g,M}^{*k})$$

(4)计算混沌序列的适应度，并保留最优适应度的解，记作 $\vec{p}_g^{*k}$。

(5)用 $\vec{p}_g^{*k}$ 随机取代当前非最优位置。

步骤7　转至步骤3，直到算法达到最大迭代次数。

步骤8　将得到的最优解 $\vec{p}_g$ 赋值给 BP 神经网络。

ACPSO－BP 神经网络模型算法流程如图6-30所示。

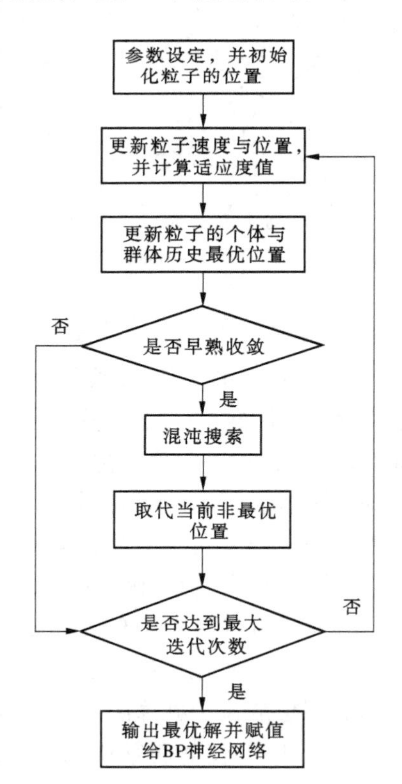

图6-30　ACPSO－BP 神经网络模型算法流程

5.实例应用

1)数据预处理

本书以张许良等(2003)突水水源样本为例,将前35组水样作为判别模型的训练样本,将后4组水样作为待测样本,见表6-11。为了更好地定量分析判别结果,对突水水源类型进行二进制编码:二灰和奥陶系含水层(0 0 0 1)、八灰含水层(0 0 1 0)、顶板砂岩含水层(0 1 0 0)、第四系含水层(1 0 0 0)。

表6-11　待测样本数据

编号	$Na^+ + K^+$ (mg/L)	Ca^{2+} (mg/L)	Mg^{2+} (mg/L)	Cl^- (mg/L)	SO_4^{2-} (mg/L)	HCO_3^- (mg/L)	实际水源类型			
Ⅰ	23.76	66.4	19.59	18.13	57.26	255.29	0	0	0	1
Ⅱ	9.97	64.45	26.84	9.59	40.53	288.14	0	0	1	0
Ⅲ	294.75	8.93	3.63	30.27	24.24	680.51	0	1	0	0
Ⅳ	14.19	81.96	24.41	25.81	40.99	315.08	1	0	0	0

因不同样本所含离子浓度差异较大,为了建立统一的评判标准,需要将每组数据进行归一化处理,映射区间为[-1,1],公式如下:

$$a_i = (z_{max} - z_{min}) \frac{b_i - b_{min}}{b_{max} - b_{min}} + z_{min} \tag{6-34}$$

式中　a_i——输出数据;

b_{min}——各样本中的最小值;

b_{max}——各样本中的最大值;

b_i——输入数据。

2)判别模型的设计

BP神经网络输入层神经元个数为6,代表6种水源判别指标;增加网络中间层数会提高网络的精度,但亦会使网络复杂化,牺牲其训练时间;具有一个中间层的神经网络能够以任意精度表示任何连续函数。因此,判别模型选用具有一个单层结构的BP网络。根据经验公式确定中间层节点数,当神经元个数为6时,网络的收敛速度较快;输出层神经元个数由水源类型来确定,设为4。训练函数、激励函数等网络参数设定见表6-12。这里训练函数采用具有Levenberg - Marquardt最快速算法的trainlm训练函数(Levenberg - Marquardt法是梯度法与高斯 - 牛顿法的结合,既能提高网络的加快收敛速度,又能增加网络稳定性和提高精度)。

表6-12　BP神经网络参数设定

网络结构	隐含层激励函数	输出层激励函数	训练函数	最大训练次数	误差精度	学习率
6×6×4	purelin	logsig	trainlm	1 000	e-05	0.04

SPSO、ACPSO算法的参数设定见表6-13,其中D由BP网络的权值和阈值个数而确定,即$D=6\times6+6+6\times4+4=70$。

表 6-13　SPSO 和 ACPSO 算法参数设定

粒子群算法	D	微粒数量	$inter_{max}$	ω	c_1、c_2	r_1、r_2	M	v_{max}	z_{max}、z_{min}	φ
SPSO	70	20	500	0.9～0.4 线性衰减	2	rand	无	1.9	[-1,1]	无
ACPSO	70	20	500	0.9～0.4 线性衰减	2	Tent	20	1.9	[-1,1]	2.25e -0.5

3)网络的训练与应用

使用 newff(minmax(pn),[6,4],{'purelin','logsig'},'trainlm')语句建立了 6×6×4 的 BP 神经网络判别模型。同时,根据表 6-13 中 ACPSO 的参数设置、按照图 6-30 的算法流程进行 BP 神经网络的训练,将使用 ACPSO 算法搜索到的最优解赋值给 BP 神经网络,作为其网络的初始参数,将 SPSO、ACPSO 算法搜索到的全局最优解赋值给 BP 网络,作为网络的初始参数,进而建立 ACPSO - BP 判别模型,SPSO - BP 判别模型的建立与之类似(此处略)。两种算法在优化过程中的适应度进化曲线如图 6-31 所示。

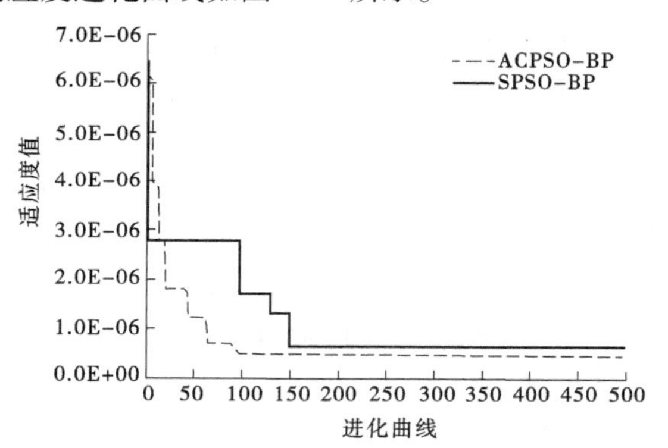

图 6-31　SPSO 和 ACPSO 进化对比曲线

由图 6-31 的适应度进化曲线可知,在进化代数相同的条件下,ACPSO 算法和 SPSO 算法在全局寻优过程中适应度的值 f 均呈现减小趋势,这体现了两种模型中的 BP 神经网络在样本训练过程中逐渐达到了各自的全局误差最小化,达到了优化算法对 BP 神经网络优化的目的。另外,ACPSO 算法对 BP 神经网络的优化效果明显优于 SPSO 算法,ACPSO 算法的进化曲线出现第一个水平直线段,即未进化阶段出现在第 1 代至第 5 代,其适应度值一直保持在 $6.152\ 44 \times 10^{-6}$;SPSO 算法的进化曲线在第 2 代由 $6.449\ 28 \times 10^{-6}$减小为 $2.774\ 21 \times 10^{-6}$,此次的适应度值减小量十分明显,相比较前者的减小量要大得多,紧接着进化曲线出现了第一个水平直线段,即第 1 个未进化阶段出现在第 3 代至第 96 代,在初始阶段,相比较前者,由于 SPSO 算法结构简单,可调参数较少,能够使进化曲线较快收敛。在第 6 代由 $6.152\ 44 \times 10^{-6}$减小为 $3.922\ 82 \times 10^{-6}$,发生了较大幅度的进化,紧接着进化曲线出现了第二个水平直线段,即第 2 个未进化阶段出现在第 7 代至第 12 代,其适应度值一直保持在 $3.922\ 82 \times 10^{-6}$。前者在第 13 代由 $3.922\ 82 \times 10^{-6}$减少为 $2.852\ 52 \times 10^{-6}$,进化曲线出现了第 3 个水平直线段线,即第 3 个未进化阶段出现在第 13 代至第 19 代,其适应度值一直保持在 $2.852\ 52 \times 10^{-6}$。在第 20 代由 $2.852\ 52 \times 10^{-6}$减少为 $1.807\ 58 \times 10^{-6}$,亦发生了明显的进化幅度,紧接着,进化曲线出现第 4 个水平直线段,即第 4 个未进化阶段出现在第 21 代至第 63 代,其适应度值一直保持在 $1.807\ 58 \times 10^{-6}$。在第 64 代,适应度值由 $1.807\ 58 \times 10^{-6}$变为6.90758×10^{-7}，适应度值进入1.0×10^{-7}数量级，紧接着出现了第5个水平直线段，即第5个未进化阶段出现在第65代至第91代。而此时的SPSO算法的适应度值仍然保持在2.77421×10^{-6}，有第93代的迭替寻优徒劳无获，反映出此时所有的粒子聚集到相同位置并停止了移动，拒绝搜索解空间的其他领域，呈现出不易收敛的状态。前者在第92代由6.90758×10^{-7}减小为4.90758×10^{-7}，出现了第6个水平直线段，即第6个未进化阶段出现在第93代至第300代。在第301代，进化曲线由4.90758×10^{-7}变为4.50758×10^{-7}，进化幅度很小，紧接着出现了第7个水平直线段，即第7个未进化阶段出现在第302代至第500代。后者在第97代适应度值由2.77421×10^{-6}减小为1.71387×10^{-6}，紧接着出现了第二条直线，未进化阶段由第98代保持到第129代，在第130代适应度值由1.71387×10^{-6}减小为1.29891×10^{-6}，有了小幅度的减小，并出现了第3条直线，即未进化阶段由第131代保持到第148代，在第149代适应度值由1.29891×10^{-6}减小为6.46597×10^{-7}，适应度值亦进入1.0×10^{-7}数量级，较前者落后了135代，从侧面反映出SPSO算法收敛速度慢的缺点，紧接着出现了第4条直线，即第4个未进化阶段出现在第150代至第500代。

在第150代之前，ACPSO算法优化BP神经网络的整个过程中出现了5次较大的水平直线段，直线段所占据代数分别为5代、6代、7代、43代、43代、27代，而SPSO算法优化BP神经网络的整个过程中出现三次较大的直线段，直线段所占据的代数分别为94代、32代、8代。二者相比，前者的直线段多于后者，但后者具有最大的直线段，这说明对前者可能陷入局部最优的情况进行了混沌扰动，从而提高了算法逃离局部最优的能力，也说明了后者全局寻优过程中，在局部最优上停留时间长，表明所使用的算法无法立即摆脱局部极值点的吸引，并由此长期地陷入局部最优位置。

前者在第64代，其适应度值就进入了1.0×10^{-7}数量级，而后者在第149代才进入该数量级；前者在第92代，其适应度值减小为4.90758×10^{-7}，在第301代其适应度值进一步减小为4.50758×10^{-7}，并在之后的第199代停止进化，而后者在第149代其适应度值减小为6.46597×10^{-7}，并在之后的第351代停止进化。由此可以看出，相比于SPSO算法，ACPSO算法能够使BP神经网络收敛速度更快，而且收敛精度更高。ACPSO算法的粒子全局搜索能力更强，能够有效克服SPSO算法容易陷入局部最优、收敛速度慢的缺点，提高了算法逃离局部最优的能力，避免陷入“早熟”收敛，因此其优化效果要优于SPSO算法。

使用所建立的ACPSO－BP神经网络模型、SPSO－BP神经网络模型和BP神经网络模型对表6-11的4组待测样本进行水源类型判别，判别结果如表6-14所示。

表6-14　判别结果

待测样本	BP	SPSO－BP	ACPSO－BP	期望输出	是否正确
I	2.28e－05	1.60e－08	4.61e－08	0	是
	3.91e－13	2.74e－06	2.42e－14	0	
	6.40e－20	1.87e－10	1.83e－10	0	
	1.00e＋00	1.00e＋00	1.00e＋00	1	

续表 6-14

待测样本	BP	SPSO - BP	ACPSO - BP	期望输出	是否正确
Ⅱ	1.33e - 08	3.34e - 11	4.30e - 11	0	是
	7.79e - 09	6.39e - 08	2.33e - 09	0	
	1.00e + 00	1.00e + 00	1.00e + 00	1	
	3.56e - 14	8.43e - 14	3.12e - 16	0	
Ⅲ	1.34e - 27	7.73e - 13	1.23e - 07	0	是
	1.00e + 00	1.00e + 00	1.00e + 00	1	
	2.23e - 05	3.56e - 09	1.95e - 07	0	
	1.71e - 05	1.47e - 10	3.60e - 16	0	
Ⅳ	1.00e + 00	1.00e + 00	1.00e + 00	1	是
	2.67e - 19	9.00e - 10	4.02e - 18	0	
	2.41e - 09	1.62e - 10	9.30e - 09	0	
	6.04e - 12	7.69e - 08	1.21e - 07	0	

由表 6-14 可知,3 种判别模型均对 4 组待测样本做出了准确判别,为了对比两种算法优化 BP 神经网络的优劣,引入误差二范数和误差平均值作为评价指标,对表 6-14 的判别结果做误差分析,见表 6-15。

表 6-15 误差分析

待测样本	算法	误差二范数	误差平均值
Ⅰ	BP	3.15e - 05	1.11e - 05
	SPSO - BP	2.74e - 06	7.14e - 07
	ACPSO - BP	7.80e - 08	2.73e - 08
Ⅱ	BP	1.54e - 08	5.26e - 09
	SPSO - BP	6.39e - 08	1.60e - 08
	ACPSO - BP	2.33e - 09	5.92e - 10
Ⅲ	BP	2.82e - 05	1.02e - 05
	SPSO - BP	7.86e - 06	1.97e - 06
	ACPSO - BP	2.71e - 07	1.15e - 07
Ⅳ	BP	2.41e - 09	6.03e - 10
	SPSO - BP	7.69e - 08	1.95e - 08
	ACPSO - BP	1.22e - 07	3.27e - 08

待测样本总误差如表 6-16 所示。

表 6-16 待测样本总误差

算法	适应度	总误差二范数	总方差
BP	4.93e-06	6.05e-05	4.46e-10
SPSO-BP	6.47e-07	8.37e-06	1.73e-11
ACPSO-BP	4.51e-07	4.91e-07	2.36e-14

由表 6-15 可以看出,ACPSO-BP 神经网络模型在第Ⅰ、Ⅱ和Ⅲ组的判别输出,判别误差明显小于 BP、SPSO-BP 两种神经网络模型的判别误差,但在第Ⅳ组则不然。从表 6-16可以看出,3 种神经网络模型在适应度值、总误差二范数以及总方差上的输出表现,ACPSO-BP 神经网络模型优于 SPSO-BP 神经网络模型,而 SPSO-BP 神经网络模型则优于 BP 神经网络模型。

三种神经网络模型对 4 组待测样本进行判别输出的误差对比图如图 6-32 所示。

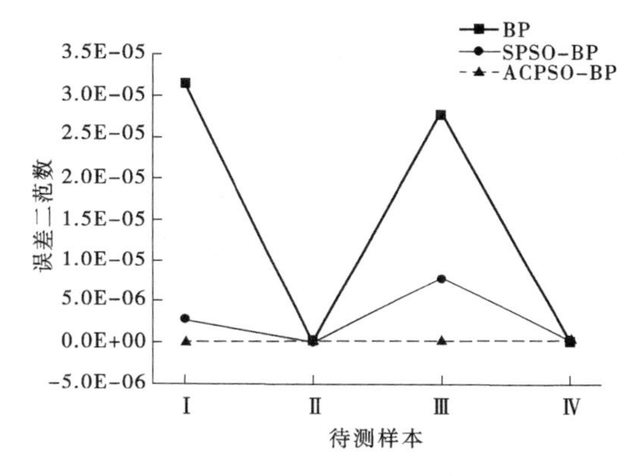

图 6-32 误差折线对比图

从图 6-32 的误差折线对比图中可以看出,在对第Ⅱ、Ⅳ组样本判别时,3 种神经网络模型差异较小,但在第Ⅰ、第Ⅲ组样本判别时,三种神经网络模型差异明显。从整体来看,ACPSO-BP 神经网络模型误差折线最为平稳,而 BP 神经网络模型的误差波动最大,SPSO-BP 神经网络模型的误差波动则次之。因此,所建立的 ACPSO-BP 模型对不同水源的样本判别具有较强的适用性和准确性。

综合表 6-15、表 6-16 和图 6-32,做进一步分析可得,3 种神经网络模型对 4 组待测样本的判别误差二范数之和的平均值分别为 1.14×10^{-5}、2.72×10^{-8}、1.21×10^{-5}、6.71×10^{-8},可以看出判别精度为:第Ⅱ组 > 第Ⅳ组 > 第Ⅰ组 > 第Ⅲ组。查阅原始水化数据:二灰和奥陶系含水层水样有 6 组,八灰含水层水样有 12 组,顶板砂岩含水层水样有 9 组,第四系含水层水样有 8 组,可以看出八灰含水层水源样本最多,顶板砂岩含水层水源样本数次之,第四系含水层水源样本数排第三,二灰和奥陶系含水层水源样本数最少。结合判别精度和样本的数量可以推知,样本的数量与突水水源的准确判别有一定的关系,也就是样本的多少对于模型的训练以及应用有一定的影响,为发挥神经网络特有的学习和模拟能力优势,应尽量丰富样本的数量。同时也可以看出,对八灰含水层水源和第四系含水层水源样本判别精度要高于其他水源,并远高出三个数量级,根据水文地质条件,发现八灰含水层上距$二_1$煤 20 m,是$二_1$煤的直接充水含水层,而第四系含水层则距离$二_1$煤最远,也没有其他水源的干扰。可能正是由于八灰含水层距离$二_1$煤较近、第四系含水层则距离$二_1$煤最远,在采集矿井的原始水化数据过程中,较为容易,也不容易出现差错,从而确保了样本水化数据具有代表性和准确性。二灰含水层上距$二_1$煤 70 m,是$二_1$煤的间接充水含水层，在开采二$_1$煤过程中二灰含水层承压水通过导水断层进入矿井，造成多次突水事故。奥陶系灰岩含水层水压高、富水性强且水量充沛，通过断裂构造会对二灰形成补给，曾造成多次突水淹井事故。笔者认为，由于在某些区域断裂构造发育，八灰含水层与二灰和奥陶系含水层之间存在水力联系，容易发生混合，这可能使所采集的二灰和奥陶系含水层水源样本不具有代表性和准确性。同时也由于二灰和奥陶系含水层水源的样本数最少，因此造成了对其水源样本的判别精度较低。在收集工程实例资料时，应收集一手原始资料并注意水化数据采集过程中操作的准确度，从而确保样本水化数据具有代表性和准确性，亦要尽量丰富样本的数据库，从而增强所建立判别模型的适用性。

6.3.3.6 Elman 神经网络在矿井突水水源判别中的应用

1. Elman 神经网络原理

Elman 神经网络属于反馈型网络，主要包括输入层、中间层、承接层和输出层，与前馈型 BP 神经网络相比，在中间层基础上增加了一个承接层，该层通过从中间层接收反馈信号来记忆中间层单元前一时刻的输出值，其神经元的输出要经过延迟与存储才能输入中间层。通过承接层的延迟与储存，自联到中间层的输入，这种自联方式使 Elman 神经网络具有适应时变特性的能力，增强了网络本身处理动态信息的能力；对历史状态的数据具有敏感性，具有动态记忆性功能。其神经网络拓扑结构如图 6-33 所示。

2. 判别模型构建

1) Elman 神经网络结构

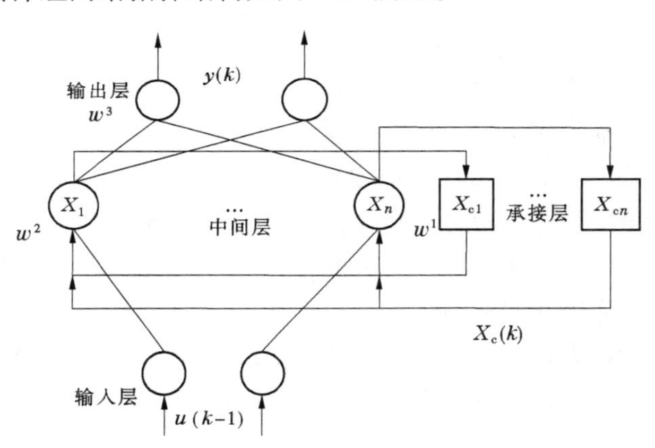

图 6-33 Elman 神经网络拓扑结构

增加网络中间层数会提高网络的精度，但也会使网络复杂化，牺牲其训练时间；具有一个中间层的神经网络能够以任意精度表示任何连续函数。因此，判别模型选用具有一个中间层的 Elman 网络。在这里以张许良等(2003)水质资料为依据，选用 $Na^+ + K^+$、Ca^{2+}、Mg^{2+}、Cl^-、SO_4^{2-}、HCO_3^- 6 大水化离子作为识别矿井水源依据，输入节点数为 6，输出节点数为 4，输出为(0 0 0 1)、(0 0 1 0)、(0 1 0 0)、(1 0 0 0)，其分别对应二灰和奥陶系含水层（Ⅰ类）、八灰含水层（Ⅱ类）、顶板砂岩含水层（Ⅲ类）、第四系含水层（Ⅳ类）。

根据经验公式确定中间层节点数，采用试错法，分别训练中间层节点数 3、4、5、6、7、8 的收敛程度，经测试，隐含层节点为 4 时，误差最小，收敛速度最快。

2) Elman 神经网络的计算与学习

Elman 神经网络对历史状态的数据具有敏感性，内部反馈网络的加入又增加了网络本身处理动态信息的能力，从而达到了动态建模的目的。其非线性数学模型为：

$$y(k) = g(w^3 x(k) + b_2) \tag{6-35}$$

$$x(k) = f(w^1 x_c(k) + w^2(u(k-1)) + b_1) \tag{6-36}$$

$$x_c(k) = x(k-1) \tag{6-37}$$

式中 $y(k)$——k 时刻网络的 4 维输出向量；

$x(k)$、$x_c(k)$——k 时刻的 4 维中间层和承接层的输出向量；

$u(k-1)$——$k-1$ 时刻的 6 维输入向量；

w^1、w^2、w^3——承接层到中间层、输入层到中间层、中间层到输出层的连接权值矩阵；

$f(\cdot)$——中间层神经元的传递函数，因样本的输出均大于零，这里采用非线性 S 型的 logsig 函数（网络的第一层函数），可将整个实数集映射到(0,1)区间；

$g(\cdot)$——输出层传递函数，采用线性 purelin 函数，网络的第二层函数，可以用来模拟任何函数；

b_1、b_2——输入层和中间层的阈值。

Elman 神经网络的学习指标函数采用误差平方和函数，表达式为：

$$E(w) = \sum_{k=1}^{n} (y_k(w) - \hat{y}_k(w))^2 \tag{6-38}$$

式中 $\hat{y}_k(w)$——目标输出值。

通过学习，不断调整权值和阈值，使得网络学习指标函数的误差平方和最小。标准的误差反向传播算法存在“局部极小点”和收敛速度慢的缺点，这里采用具有 Levenberg - Marquardt 最快速算法的 trainlm 训练函数。

3. 样本设计与处理

1）方案设计

河南省焦作矿区的 39 组矿井水化数据，前 35 组作为学习样本（Ⅰ类水样有 6 组，Ⅱ类水样有 12 组，Ⅲ类水样有 9 组，Ⅳ类水样有 8 组），最后 4 组作为待测样本。采用不同的三种数理统计方法，但对 1 号学习样本均做出了错误回判，针对误判，未给出解释，而有的内容虽给出一定的解释，但并不详尽，亦或不妥。对于 39 组水化数据，本书仍然采用 35 组学习样本、4 组待测样本的划分方法，为了体现 Elman 神经网络在突水水源判别中所具有的独特优势，进行两种训练方案的设计。

（1）方案一，笔者考虑到 1 号待测样本属于Ⅰ类水源是没有争议的，那么将学习样本的 1 号与待测样本的 1 号进行位置互换，采用 Elman 神经网络对调整后的 35 组学习样本进行训练并建立模型，对调整后的 4 组待测样本进行判别，看是否能正确判别突水来源，检验 Elman 神经网络非线性动态映射特性。调整后的待测样本如表 6-17 所示。

表 6-17 待测样本（方案一） （单位：mg/L）

编号	$Na^+ + K^+$	Ca^{2+}	Mg^{2+}	Cl^-	SO_4^{2-}	HCO_3^-
1	11.98	76.15	15.56	8.5	26.9	292.84
2	9.97	64.45	26.84	9.59	40.53	288.14
3	294.75	8.93	3.36	30.27	24.24	680.51
4	14.19	81.96	24.41	25.81	40.99	315.08

(2)方案二,仍将存在争议的 1 号学习样本认为是Ⅰ类水源,采用未调整过的 35 组学习样本进行 Elman 神经网络的训练与建模,而后对表 6-18 的 4 组待测样本进行判别,看是否能正确判别突水来源,检验 Elman 神经网络的自适应性、容错性。

表 6-18　待测样本(方案二)　　(单位: mg/L)

编号	$Na^+ + K^+$	Ca^{2+}	Mg^{2+}	Cl^-	SO_4^{2-}	HCO_3^-
1	23.76	66.4	19.59	18.13	57.26	255.29
2	9.97	64.45	26.84	9.59	40.53	288.14
3	294.75	8.93	3.36	30.27	24.24	680.51
4	14.19	81.96	24.41	25.81	40.99	315.08

2)数据处理

由于采集到的水化数据样本的各项指标值有大有小,过大或过小的输入值将使节点的输出进入饱和区。因此,为防止某些数值低的特征被淹没,且保留其原始意义,需将各指标进行归一化处理。采用 mapminmax 函数将输入量归一化至[0,1],对数据进行线性变换、压缩,可以为后面的数据处理提供方便,同时保证程序运行时收敛加快。

4. 网络训练与应用

1)方案一

(1)Elman 神经网络训练。

利用 Matlab 软件的 newelm 函数创建 Elman 神经网络模型,用调整后的训练样本对创建好的网络模型进行训练,训练参数设定如下:学习速率 0.04,目标误差 1×10^{-8},最大训练次数 1 000,显示结果周期为 50。程序执行之后,在第 15 步模型达到收敛,学习精度为 $2.548\ 7 \times 10^{-9}$, Elman 神经网络训练结果见图 6-34。

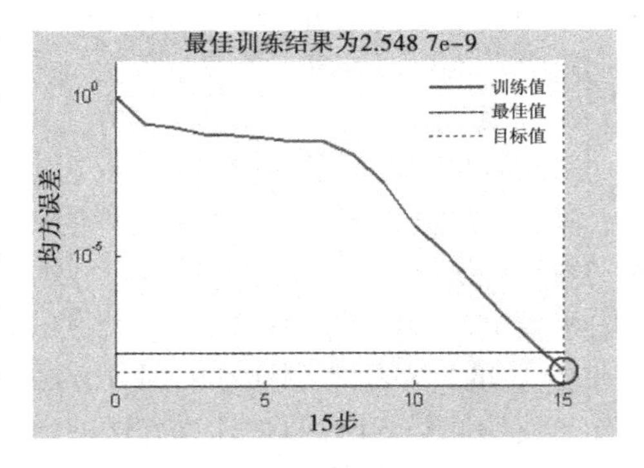

图 6-34　Elman 神经网络收敛曲线图(方案一)

(2)网络模型应用。

利用训练好的 Elman 神经网络对表 6-17 中的待测样本进行判别,输出结果如图 6-35 所示。

```
tn_test_sim =

   -0.0000   -0.0000    0.0000    1.0000
    0.0000   -0.0000    1.0000    0.0000
    1.0000    1.0000   -0.0000    0.0000
    0.0000    0.0000   -0.0000    0.0000
```

图 6-35　Elman 网络模型输出结果

由 Elman 神经网络模型的输出可知,样本 2、3、4 号分别被判为Ⅱ类、Ⅲ类、Ⅳ类水源,判别结果一致,其期望输出与实际输出平均绝对误差分别为 $2.083\ 7 \times 10^{-6}$、$2.277\ 0 \times 10^{-6}$、$2.629\ 5 \times 10^{-6}$,误差小、精度高;而对于 1 号样本,这里判为Ⅱ类水源,与 DDA 判别模型、Fisher 判别模型、Bayes 判别模型的判别结果对比如表 6-19所示。

表 6-19 判别结果对比(方案一)

编号	Elman 判别	DDA 判别	Fisher 判别	Bayes 判别	水源类别
1	Ⅱ	Ⅳ	Ⅳ	Ⅳ	Ⅰ
2	Ⅱ	Ⅱ	Ⅱ	Ⅱ	Ⅱ
3	Ⅲ	Ⅲ	Ⅲ	Ⅲ	Ⅲ
4	Ⅳ	Ⅳ	Ⅳ	Ⅳ	Ⅳ

对于 1 号样本做出误判给出的解释是:可能是将介于两类水源之间的样本确定为某一类,选取样本数据的代表性和判别参数还有待于进一步研究完善等。也就是 1 号样本有可能不属于Ⅰ类水源而属于其他类水源,人为地将其认为是Ⅰ类水源,这是人为因素导致的错误;也有可能是在选择判别参数时,缺乏代表性、不足以对 1 号样本做出正确回判,所建立的距离判别模型还有待于进一步研究和完善。针对误判给出的解释是:观察到 1 号样本位于Ⅰ类和Ⅳ类的交界处,所以比较容易做出误判,在实际工程应用中,多密切结合其他地质条件,进行综合判断,以保证水源判别的准确性。根据第Ⅰ类和第Ⅱ类判别函数的分组图做出解释,认为Ⅰ类和Ⅳ类样本数据较为相似,不易划分类别。笔者认为,Ⅰ类和Ⅳ类分别是二灰和奥陶系含水层、第四系含水层,二者距离很远,人为地将二者误判可能性很小,而且Ⅰ类和Ⅳ类组中心值相差甚远,反而Ⅰ类和Ⅱ类较近,即使 1 号样本误判也应误判为Ⅱ类。对于 1 号样本的误判则未给出解释。

本书应用 Elman 神经网络建立判别模型,将 1 号样本判为Ⅱ类水源,笔者查阅水文地质条件,发现八灰含水层上距二$_1$煤 20 m,水压力较大,富水性强,是二$_1$煤的直接充水含水层。二灰含水层上距二$_1$煤 70 m,水压力大,富水导水性强,是二$_1$煤的间接充水含水层,在开采二$_1$煤过程中,二灰含水层承压水通过导水断层进入矿井,造成多次突水事故。奥陶系灰岩含水层水压高,富水性强且水量充沛,通过断裂构造会对二灰含水层形成补给,曾造成多次突水淹井事故。笔者认为,由于在某些区域断裂构造发育,八灰含水层(Ⅱ类)与二灰和奥陶系含水层(Ⅰ类)之间存有水力联系,容易发生混合,这会使Ⅱ类水源与Ⅰ类水源之间水化数据具有相似性。同时也发现,八灰含水层水化特征与二灰和奥陶系含水层之间较为接近。基于以上两种原因,在采样或者分类过程中可能造成样本的错误判别,这验证了所做的推测。因此,Elman 神经网络将 1 号样本判为Ⅱ类水源,具有一定的依据。要正确核实 1 号样本归属类别,需要进一步结合一手水文地质资料和水化数据的采集过程。

从方案一可以看出,Elman 神经网络由于增加一步时延算子,增加了对学习样本的敏感性,增强了网络动态记忆能力,模型经过建立与训练,可对待测样本进行非线性映射,具有较强的推理功能。

2)方案二

(1)Elman 神经网络训练。

采用与方案一相同的 Elman 神经网络参数,以未调整过的训练样本进行 Elman 神经网络训练,模型在第 19 步达到收敛,学习精度为 2.167 4 $\times 10^{-9}$,其训练结果如图 6-36 所示。

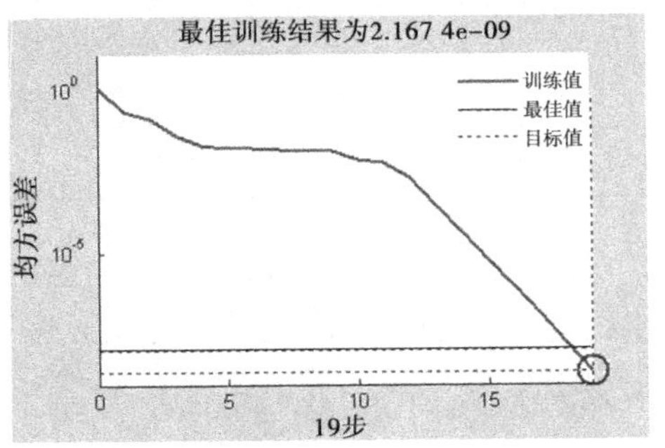

图 6-36 Elman 神经网络收敛曲线图(方案二)

(2)网络模型应用。

利用训练好的 Elman 神经网络模型对表6-18 的4 组待测样本进行判别,输出结果见表6-20。

表6-20 待测样本判别结果(方案二)

编号	期望输出	输出结果				Elman 判别	水源类别
1	0 0 0 1	0.000 0	0.000 0	0.177 2	0.822 9	Ⅰ	Ⅰ
2	0 0 1 0	-0.000 0	-0.000 0	1.000 0	0.000 0	Ⅱ	Ⅱ
3	0 1 0 0	-0.000 0	1.000 0	0.000 0	-0.000 0	Ⅲ	Ⅲ
4	1 0 0 0	1.000 0	0.000 0	-0.000 0	0.000 0	Ⅳ	Ⅳ

4 个待测样本的平均绝对误差分别为$1.074\ 8\times10^{-6}$、$1.434\ 9\times10^{-7}$、$7.731\ 8\times10^{-7}$、$3.624\ 3\times10^{-7}$,误差小、精度高;Elman 神经网络判别结果与各个待测样本实际类型相符,均正确。由表6-20 可知,1 号待测样本的判别输出主要在Ⅰ类和Ⅱ类,其中Ⅱ类占主导地位,出现这种结果的原因,是Ⅰ类的6 组学习样本中混入了1 组Ⅱ类样本(1 号学习样本在方案一中被判别为Ⅱ类水源),学习样本缺乏代表性,会导致所建立的 Elman 神经网络模型在判别过程中出现精度相对低的结果,实际情况与判别结果相符。

从方案二可以看出,虽然有个别学习样本有一定的偏差,但 Elman 神经网络仍然可以有效地进行判别,这说明 Elman 神经网络具有很强的泛化能力、自适应和容错性。

6.3.3.7 BP 与 Elman 神经网络在矿井突水水源判别中的应用

1. 样本设计与处理

选取 $Na^{+}+K^{+}$、Ca^{2+}、Mg^{2+}、Cl^{-}、SO_4^{2-}、HCO_3^{-} 6 种水化离子的浓度作为识别矿井水源的指标依据(单位均为 mg /L),共采集到张许良等(2003)39 组水化数据,随机选取4 组作为测试样本,如表6-21 所示;以剩余的35 组作为训练样本,并以此构造训练模型。

表6-21 测试样本

水源编号	$Na^{+}+K^{+}$	Ca^{2+}	Mg^{2+}	Cl^{-}	SO_4^{2-}	HCO_3^{-}
1	19.78	52.5	16.29	9.93	37.66	229.43
2	8.3	63.5	26.9	11.19	43.85	282.52
3	98.1	3.1	1.1	23.5	43.84	638.7
4	17.3	98.2	20.6	20.24	53.2	354.4

由于采集到的水化数据样本的各项指标值有大有小,过大或过小的输入值将使节点的输出进入饱和区,因此需将各指标进行归一化处理。将输入输出数据变换为[-1,1]区间的值,变化式如下:

$$y_i = \frac{x_i - x_{\min}}{x_{\max} - x_{\min}} \tag{6-39}$$

式中 y_i——输入数据；

x_{min}——输入数据样本中的最小值；

x_{max}——输入数据样本中的最大值。

在 Matlab 中采用 mapminmax 函数来实现。

2. 模型设计

增加网络中间层数会提高网络的精度，但也会使网络复杂化，牺牲其训练时间；具有一个隐含层的神经网络，能够以任意精度表示任何连续函数。在这里，BP 与 Elman 神经网络模型均选用具有三层的网络，中间层数为 1；作为识别矿井水源的水化指标依据为 6 种，输入节点数为 6，输出节点数为 4，输出为(0 0 0 1)、(0 0 1 0)、(0 1 0 0)、(1 0 0 0)，其分别对应二灰和奥陶系含水层(S_1)、八灰含水层(S_2)、顶板砂岩含水层(S_3)、第四系含水层(S_4)。

(1)对于 BP 神经网络，根据经验公式确定隐含层节点数为 8，采用试错法来确定中间层(隐含层)为 5、6、7、8、9、10 时的收敛程度，这里隐含层的传递函数采用非线性 S 型的 logsig 函数，输出层采用线性 purelg 函数，目标误差设置为 1×10^{-8}，最大训练次数设置为 1 000，测试结果如表 6-22 所示。

表 6-22 隐含层不同节点数的输出误差对比

中间层个数	5	6	7	8	9	10
误差(e-06)	2.824 7	2.181 7	3.825 2	4.396 8	3.136 3	9.359 2

由表 6-22 可知，隐含层节点数为 6 时收敛速度最快、误差最小，因此隐含层个数设置为 6，BP 神经网络结构如图 6-37所示。

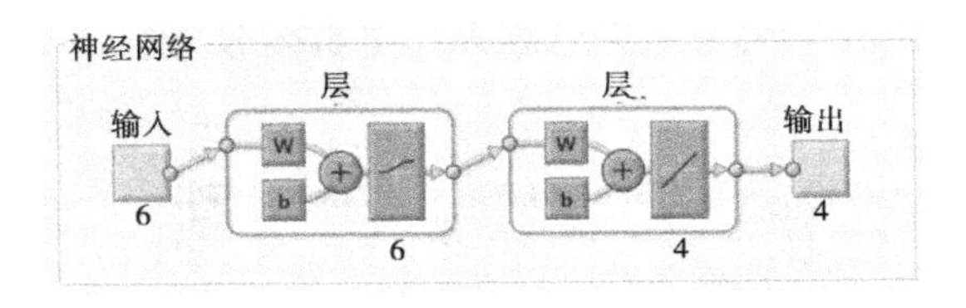

图 6-37 BP 神经网络结构图

训练函数的确定：为了测试不同训练函数对迭代次数和收敛精度的影响，以便选取更好的训练函数，分别对 trainlm、traingd、traingdm、traingda、traingdx 进行测试，测试结果如表 6-23所示。

表 6-23 不同训练函数的运行结果对比

函数	算法	迭代次数	收敛精度
trainlm	Levenberg - Marquardt 法	15	0.000 002 1
traingd	梯度递减法	1 000	0.111 61
traingdm	带动量因子的梯度递减法	1 000	0.090 756
traingda	带自适应学习率的梯度递减法	1 000	0.046 008
traingdx	带自适应学习率和动量因子的梯度递减法	1 000	0.019 851

由表 6-23 可知，Levenberg - Marquardt 法迭代次数少，收敛精度高，因此选用 trainlm

作为训练函数。

学习率的确定：学习速率过大，可能导致网络系统的不稳定，学习速率过小，又可能导致较慢的收敛速度，或者增加收敛步数。在这里只改变学习速率，其他参数不变，分别进行学习速率为 0.01、0.02、0.04、0.06、0.08、0.1、0.2 的训练，观察训练次数和收敛精度，运行结果如表 6-24 所示。

表 6-24　不同学习速率的运行结果对比

学习速率	0.01	0.02	0.04	0.06	0.08	0.1	0.2
训练步数	14	25	13	10	20	18	12
误差(e－06)	7.78	5.94	3.66	4.41	2.11	9.66	8.04

学习速率为 0.04、0.06、0.2 的训练步数都比较少，而 0.04 和 0.06 收敛性比较好，综合比较，将学习速率设置为 0.04。经过以上分析，最终确定了 BP 神经网络参数。

(2)对于 Elman 神经网络，为了体现 Elman 神经网络在增加了承接层后能够提高突水水源识别的精度，兼顾模型间的公平比较原则，这里仍选用与 BP 神经网络相同的参数设置。

3. 训练与仿真

1)神经网络的训练

采用 newff 函数创建 BP 神经网络，训练结果如图 6-38 所示。采用 newelm 函数创建 Elman 神经网络，训练结果如图 6-39 所示。

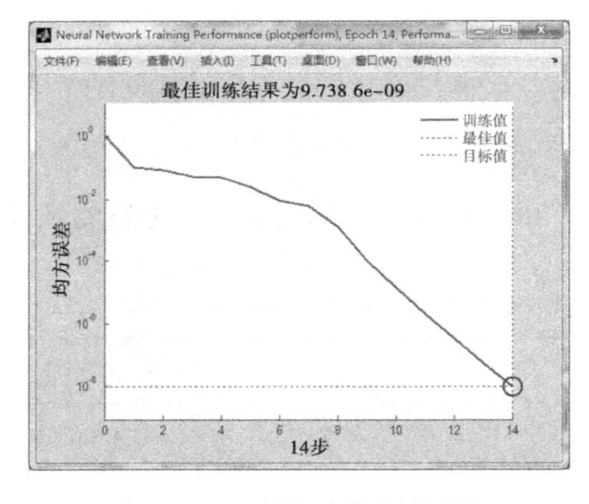

图 6-38　BP 神经网络训练结果

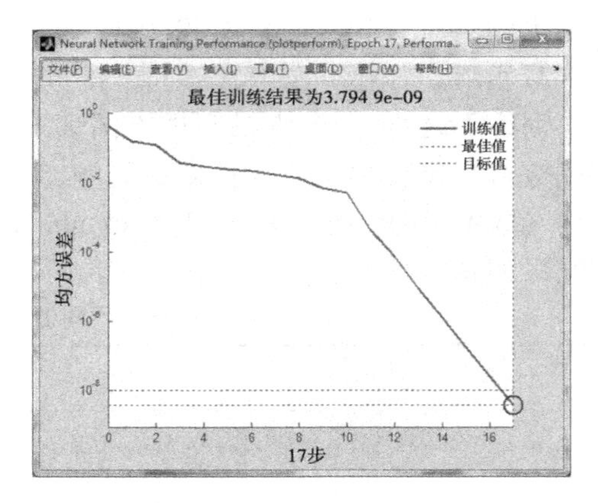

图 6-39　Elman 神经网络训练结果

2)神经网络模型的仿真

BP 神经网络仿真结果如表 6-25 所示。Elman 神经网络仿真结果如表 6-26 所示。

表 6-25　BP 神经网络仿真输出结果

水源编号	期望输出	输出结果	平均绝对误差	BP 判别	是否正确
1	0 0 0 1	−0.000 013 7　0.000 001 5　−0.000 006 2　1.000 018 4	0.000 009 9	S_1	是
2	0 0 1 0	−0.000 003 8　0.000 001 2　1.000 002 4　0.000 000 2	0.000 001 9	S_2	是
3	0 1 0 0	0.000 006 9　0.999 998 8　0.000 000 4　−0.000 006 1	0.000 003 7	S_3	是
4	1 0 0 0	0.999 761 5　0.000 001 3　0.000 000 4　0.000 236 7	0.000 119 2	S_4	是

表 6-26　Elman 神经网络仿真输出结果

水源编号	期望输出	输出结果	平均绝对误差	Elman 判别	是否正确
1	0 0 0 1	−0.000 000 1　0.000 004 2　−0.000 012 1　1.000 008 2	0.000 006 138	S_1	是
2	0 0 1 0	−0.000 003 8　0.000 004 9　1.000 011 1　−0.000 000 2	0.000 007 879	S_2	是
3	0 1 0 0	0.000 006 1　0.999 997 2　0.000 000 4　−0.000 004 4	0.000 003 419	S_3	是
4	1 0 0 0	0.999 999 6　0.000 014 9　−0.000 008 3　−0.000 005 5	0.000 007 314	S_4	是

从图 6-38 和图 6-39 可知，BP 神经网络经过 14 步训练后达到收敛，网络误差为 $9.738\ 6\times10^{-9}$，Elman 神经网络经过 17 步训练后，达到收敛，网络误差为 $3.794\ 9\times10^{-9}$，可以看到，BP 神经网络收敛速度比 Elman 神经网络快，前提条件是对 BP 神经网络进行了参数的优选，从而使 BP 神经网络性能达到最佳，而 Elman 神经网络并没有进行参数的优化（为了兼顾两种模型间的公平比较原则），但也可以看出，Elman 神经网络误差要小于 BP 神经网络误差，这说明所建立的 Elman 神经网络模型输出精度更高，拟合能力更强；更能克服训练陷入局部极小点，从而确保训练误差收敛程度更好。

从表 6-25 和表 6-26 可知，BP 神经网络与 Elman 神经网络均对 4 组测试样本进行了准确识别，但也要看到，BP 神经网络的 4 组输出的平均误差之和为 0.000 134 7，而 Elman 神经网络的却为 0.000 024 8，相比较后者误差更小。

图 6-40 为 BP 神经网络与 Elman 神经网络二者的平均误差折线图，可以看出 Elman 神经网络的平均误差曲线较为平稳，且识别精度要更高一些，综合说明 Elman 神经网络具有很好的泛化性。

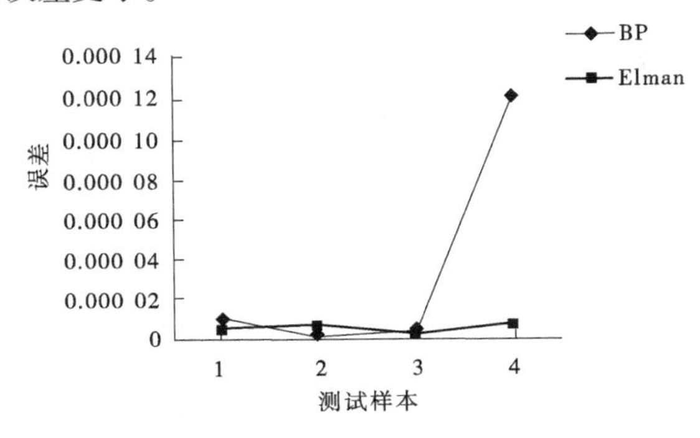

图 6-40　平均误差折线图

6.3.3.8　GA – Elman 神经网络在矿井突水水源判别中的应用

针对突水水源类型之间具有很大的模糊性，不易建立确定相关模型的特点，采用 BP 神经网络可以建立水化指标与水源类型之间的非线性映射关系及其判别模型，从而达到对矿井突水水源准确、有效的判别。为了寻求运算速度更快、泛化性更强的神经网络，钱家忠等（2010）以谢一煤矿突水水质资料为例，经过反复训练，分别建立了 7×15×3 的 BP 神经网络、7×10×3 的 Elman 神经网络，发现最优的 Elman 神经网络在样本训练过程中的收敛速度以及测试样本的判别精度均要高于最优的 BP 神经网络。徐星等（2010）以焦作矿区水化数据为例，经过参数优选与设置，建立了最优的 6×6×4 的 BP 神经网络，考虑到两种网络间的公平比较原则，仍采用 6×6×4 的 Elman 神经网络对二者的训练与输出进行比较，发现仅有训练的收敛速度前者优于后者。从而可以得出在隐含层的基础上增加了一个承接层的 Elman 神经网络，增强了网络本身对历史状态数据的敏感性，使 Elman 神经网络具有较强的非线性映射能力。笔者考虑到，虽然 Elman 神经网络泛化性更好，能够对突水水源进行有效的判别，但 Elman 神经网络仍是采用梯度下降法进行权值和阈值的更新，这给求得全局最优解带来了困难。为克服 Elman 神经网络易陷入局部最优的缺点，拟使用能够以极大概率寻求全局最优解的遗传算法（GA）对 Elman 神经网络的初始阈值与权值进行优化，从而建立 GA－Elman 神经网络判别模型，以期进一步提高 Elman 神经网络的非线性动态特性以及突水水源判别的准确性。虽然在其他领域有关学者已经将 GA 应用于 Elman 神经网络的优化，进行了氧化还原电位预测、机床热误差建模、交通流短时预测、电池劣化程度预测、网络流量预测等方面的研究，但大多仅是在拟合及预测的输出结果上进行优化过的和未优化的 Elman 神经网络比较，并以此为据，提出了 GA－Elman 神经网络具有更高的精度和泛化性；同时，鉴于在煤矿水害防治领域及突水水源的判别中还未见过有关 GA－Elman 神经网络的相关参考文献，笔者拟使用 GA 优化 Elman 神经网络并将其应用到突水水源判别中，从训练过程中的均方误差收敛速度、收敛精度以及判别输出精度上进行 Elman 神经网络和 GA－Elman 神经网络的对比，从而说明，后者具有更高的准确性和泛化性。这对准确、有效地判别突水来源以及 GA－Elman 神经网络应用范围的推广，具有一定的借鉴意义。

1. GA－Elman 神经网络模型的建立

由于 Elman 网络仍是采用标准 BP 算法——梯度下降法进行权值和阈值的修正，因此也存在学习过程收敛速度慢、易陷入局部最小值的缺点。近年来新发展的遗传算法（Genetic Algorithm，简称为 GA）是模拟生物进化过程的人工智能方法，遗传算法将达尔文的“物竞天择、适者生存”生物进化思想应用到优化搜索算法中，通过将搜索空间映射为遗传空间，以适应度函数作为评价依据，借助自然遗传学的遗传算子对编码群体进行交叉和变异，实现群体中个体位串的选择和遗传，建立起一个产生新解集种群的迭代过程。群体的个体在迭代过程中不断进化，最后收敛到一个最适应环境的个体上，从而求得问题的最优解。利用遗传算法的全局搜索能力和自身广泛的适应性，对 Elman 神经网络的初始权值和阈值进行全局寻优，然后将优化过后的初始权值和阈值反馈给 Elman 神经网络，利用 Elman 神经网络进行局部精确寻优，做到二者的优势互补，从而建立二者相结合的 GA－Elman神经网络模型。GA 优化 Elman 神经网络的算法流程如图 6-41 所示。

其具体实现步骤如下：

步骤 1　初始化种群 P，包括交叉概率 P_c、变异概率 P_m、终止代数 T、代沟 G 等，采用

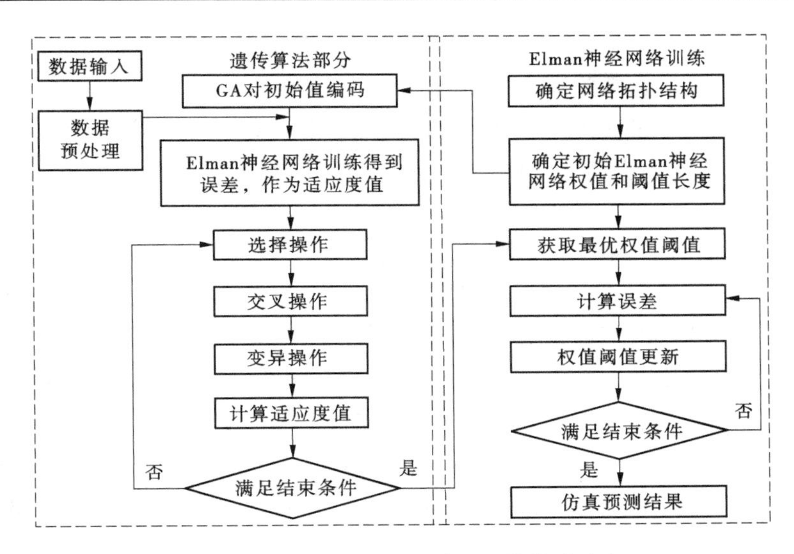

图 6-41　GA 优化 Elman 神经网络算法流程

二进制编码方法对 Elman 神经网络的权值和阈值进行编码，确定初始种群规模 M，随机生成初始种群。

步骤 2　计算个体的适应度函数，并进行排序，根据 $p_i = \dfrac{f}{\sum f_i}$ 选择网络个体，f_i为第 i 个体适应度值，用误差平方和 E_i进行衡量，E_i为第 i 个体的网络总误差，即

$$f_i = \frac{1}{E_i}, \quad E(i) = \sum_k \sum_o (d_o - ro_o)^2$$

其中，i 为染色体个数($i = 1, 2, \cdots, n$)；k 为学习样本数($k = 1, 2, \cdots, m$)；o 为 Elman 神经网络输出节点数($o = 1, 2, \cdots, q$)；ro 为目标输出值；d 为期望输出值。

步骤 3　以交叉概率 P_c进行交叉操作，交叉是遗传算法获取新优良个体的主要操作过程，没有进行交叉操作的个体，则进行复制。

步骤 4　以变异概率 P_m进行变异操作，这是为了保持个体的多样性，确保遗传算法的有效性。

步骤 5　将新产生的个体插入原种群，从而生成新种群，并计算新个体的适应度值。

步骤 6　若找到符合要求的个体，则算法结束，否则，重复步骤 2 ~ 步骤 5，直到当前种群中的某个个体对应的网络结构满足要求。通过遗传算法对 Elman 神经网络进行种群生成、交叉和变异等操作，最终将优化后的网络权值和阈值赋值于 Elman 神经网络，以进行训练与判别。

2. 实例分析

1) 数据来源及处理

以聂凤琴等(2013)矿井水化数据为依据，水化样本划分与上文相同。由于采集到的 26 组水化数据样本各项指标值有大有小，过大或过小的输入值将使节点的输出进入饱和区，因此为防止某些数值低的特征被淹没，且保留其原始意义，需将各指标进行归一化处理。采用 Matlab 的 mapminmax 函数将输入量归一化至[0,1]，对数据进行线性变换、压

缩，可以为后面的数据处理提供方便，亦可以保证程序运行时，加快收敛速度。

2）Elman 神经网络模型的建立

这里选用具有一个中间层的 Elman 神经网络，以 $Na^{+}+K^{+}$、Ca^{2+}、Mg^{2+}、Cl^{-}、SO_4^{2-}、HCO_3^{-} 6 种离子浓度值作为输入，以三种突水类型的二进制编码作为输出，则输入层节点数为 6，输出层节点数为 3。网络的训练函数为具有 Levenberg – Marquardt 最快速算法的 trainlm 函数，它同时具有梯度法和牛顿法的优点，隐含层和输出层传递函数分别为 S 型的 tansig 和 logsig。训练参数设定如下：目标误差为 1×10^{-10}，最大训练次数 1 000，学习速率 0.04，结果显示周期为 50。根据柯尔莫哥洛夫（Kolmogorov）定理，采用公式 $m=\sqrt{U+L}+a$（其中 U 为输入层节点数；L 为输出层节点数；a 为 1 ~ 10 的随机整数。）经试错法进行隐含层节点数的优选。当节点数为 6 时，Elman 神经网络误差较小、效果较好，使用 newelm(minmax(pn),[6,3],{'tansig','logsig'},'trainlm') 语句建立了 6 × 6 × 3 的 Elman 神经网络结构模型，其模型结构图如图 6-42 所示，其训练过程如图 6-43 所示，训练结果如图 6-44 所示。

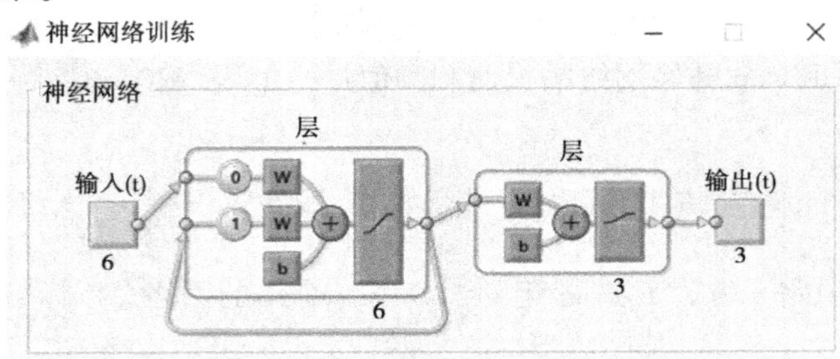

图 6-42 Elman 神经网络结构图

3）GA – Elman 神经网络模型的建立

遗传算法采用的是谢菲尔德遗传算法工具箱，这里的 Elman 神经网络权值与阈值总数为 69，变量长度 R 为 5，则遗传算法个体的长度 L 为 345，其他参数设定为：种群规模 M 为 50，迭代终止次数 T 为 50，代沟 G 为 0.95，交叉概率 P_c 为 0.8，变异概率 P_m 为 0.1，按照 GA 优化 Elman 神经网络算法流程，建立 GA – Elman 神经网络模型（模型中的 Elman 神经网络参数设置与 2）~ 3）中的相同）。其优化过程的适应度进化曲线如图 6-45 所示。

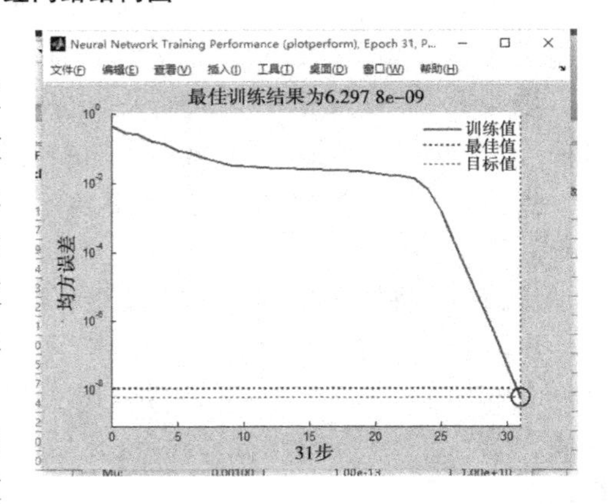

图 6-43 Elman 神经网络训练过程

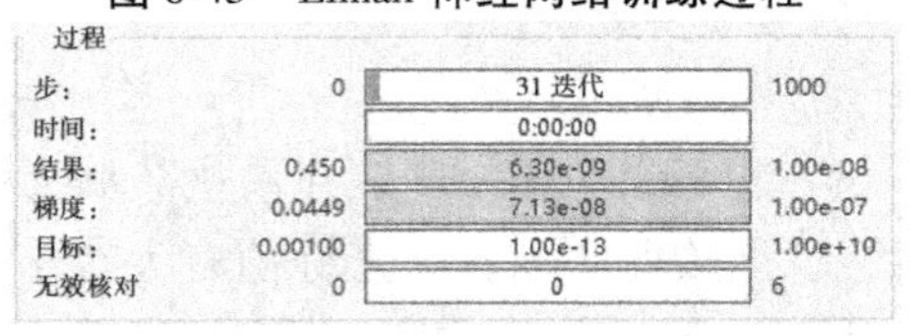

过程

步：	0	31 迭代	1000
时间：		0:00:00	
结果：	0.450	6.30e-09	1.00e-08
梯度：	0.0449	7.13e-08	1.00e-07
目标：	0.00100	1.00e-13	1.00e+10
无效核对	0	0	6

图 6-44 Elman 神经网络训练结果

图 6-45 的适应度进化曲线记录了每一代适应度值随进化代数变化的情况，由此可以看出：在第 5 代之后出现了种群适应度较大的进化，平方和误差为 2×10^{-5}，由此可以看出，相比前 5 代，GA 算法的优化效果较为明显，能够

使 Elman 神经网络快速收敛，提高输出结果的精度；随着遗传代数的增加，在第 25 代出现了适应度的进一步进化，呈递减趋势，这表明了网络平方和误差的继续减小，Elman 神经网络输出结果精度的进一步提高，在第 26 代之后，网络平方和误差基本趋于稳定，在第 50 代时，GA 算法满足迭代终止要求，寻优结束，网络平方和误差达到最小值，为 $1.871\,9\times10^{-5}$。此时，将 GA 优化算法所得到的权重和阈值作为 Elman 神经网络的初始参数，进行 Elman 神经网络的训练，其训练过程如图 6-46 所示，训练结果如图 6-47 所示，从而建立 GA－Elman 神经网络判别模型。

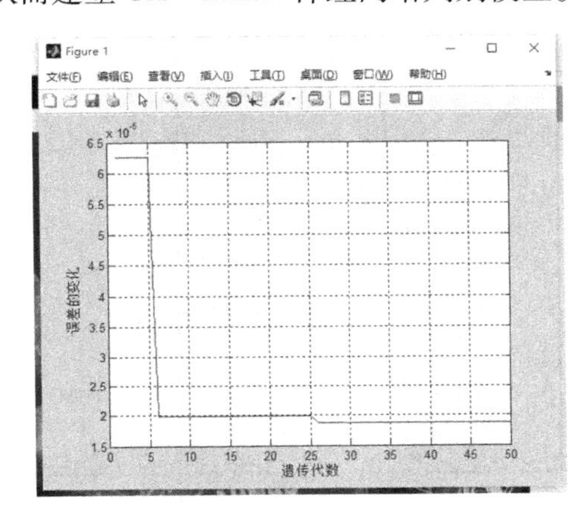

图 6-45　适应度进化曲线

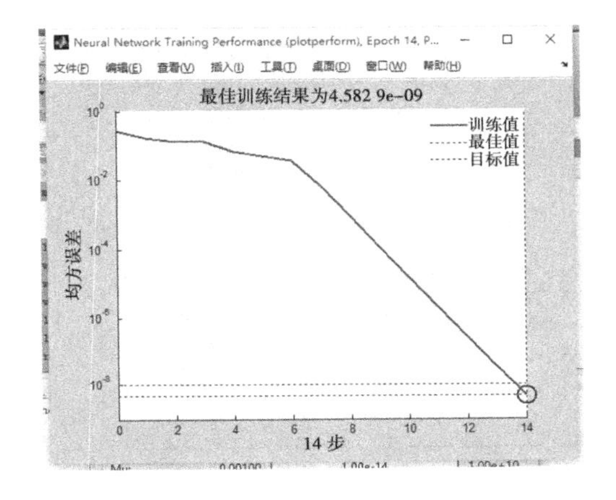

图 6-46　GA－Elman 神经网络训练过程

由图 6-43 和图 6-46，即 Elman 神经网络训练过程和经 GA 优化过的 Elman 神经网络训练过程对比可知，前者在第 31 步达到收敛，收敛曲线在前 24 步收敛较为缓慢，之后收敛迅速，网络均方误差（Mean Squared Error，简称为 MSE）最终为 $6.297\,8\times10^{-9}$；后者在第 14 步就达到收敛，在第 6 步之前收敛较为缓慢，之后快速收敛，网络 MSE 最终为 $4.582\,9\times10^{-9}$。MSE 是衡量“平均误差”的一种较方便的方法，可以评价数据的变化程度，MSE 的值越小，说明预测模型描述实验数据具有更好的精确度。

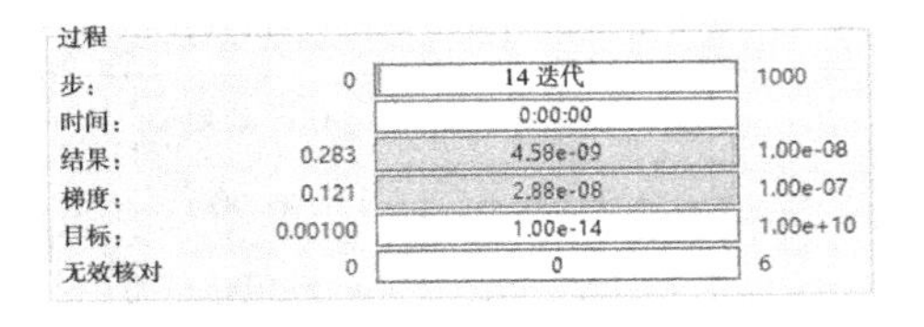

过程

步：	0	14 迭代	1000
时间：		0:00:00	
结果：	0.283	4.58e-09	1.00e-08
梯度：	0.121	2.88e-08	1.00e-07
目标：	0.00100	1.00e-14	1.00e+10
无效核对	0	0	6

图 6-47　GA－Elman 神经网络训练结果

由此可以看出，未优化的 Elman 神经网络与优化过的 Elman 神经网络相比，后者在训练过程中具有收敛速度快、网络输出误差小的优点，进一步可以看出，后者的 MSE 收敛曲线减幅较为均匀，这说明经 GA 优化过的 Elman 神经网络在约束过的局部范围内根据函数的梯度信息逐渐接近最小值，而前者 MSE 收敛曲线减幅一开始较为缓慢，在第 24 步之后则较陡，从侧面可以反映出该收敛的最小值极有可能不是网络的最小值，从而可以推测 Elman 神经网络在训练过程中存在一定的随机性，网络易陷入非全局最优的最小值。

由图 6-44 和图 6-47 可知，二者采用 Levenberg－Marquardt 最快速算法的梯度求解最小值，误差曲面的梯度均达到了预设值，前者结束的梯度值大于后者的，也就是前者仍具有潜力进入并接近误差曲面的最小值，此时已经停止 Elman 神经网络的训练，相比于后者，这充分体现了 Elman 神经网络易陷入局部最小值的缺点。因此，将 GA 与 Elman 神经网络进行结合可以发挥混合算法的优势,能够提高网络的学习性和输出泛化性。

使用所建立的 Elman 神经网络模型和 GA – Elman 神经网络模型对表 6-5 的 6 组待测样本进行水源类型判别,判别结果见表 6-27。

表 6-27 判别结果

待测样本	Elman 神经网络	GA – Elman 神经网络	Elman 平方和误差	GA – Elman 平方和误差	判别结果	判别准确性
1	0.000 310 0.000 003 0.999 886	0.004 471 0.000 018 0.996 479	1.42e – 04	2.67e – 06	4 ~ 6 煤层顶板水	正确
2	0.000 087 0.000 007 0.999 865	0.000 508 0.000 006 0.998 742	7.63e – 05	5.91e – 07	4 ~ 6 煤层顶板水	正确
3	0.000 337 0.000 001 0.999 955	0.000 000 0.000 004 0.999 998	1.28e – 04	2.17e – 09	4 ~ 6 煤层顶板水	正确
4	0.000 000 0.999 996 0.000 013	0.000 000 1.000 000 0.000 006	5.69e – 06	1.94e – 09	奥灰水	正确
5	0.000 000 0.999 996 0.000 002	0.000 000 1.000 000 0.000 000	1.87e – 06	6.82e – 11	奥灰水	正确
6	0.999 999 0.000 018 0.000 000	0.999 996 0.000 008 0.000 002	5.93e – 06	4.78e – 9	6 煤底至奥灰砂岩水	正确

由表 6-27 可知,Elman 神经网络模型和 GA – Elman 神经网络模型均能对 6 组待测样本进行准确判别,而且精度都很高。亦可以看出,任何一组待测样本的判别输出,后者精度都要优于前者,特别是在第 3、5 组的判别输出,GA – Elman 平方和误差远低于 Elman 平方和误差,相差 5 个数量级。经计算可知,Elman 神经网络判别模型输出的平均平方和误差为 6.00×10^{-5},GA – Elman 神经网络模型输出的平均平方和误差为 5.45×10^{-7},平均误差精度相差两个数量级,因而后者的判别输出精度更高,泛化性更强。同时绘制了二者输出的误差折线对比图,如图 6-48 所示。

图 6-48 更为直观地显示出,GA – Elman 神经网络判别模型在 6 组待测样本的输出上,平方和误差更为平缓,这体现出 GA – Elman 神经网络判别模型输出较为稳定,其误差折线均在 Elman 神经网络判别模型误差折线之下,这体现出 GA – Elman 神经网络判别模

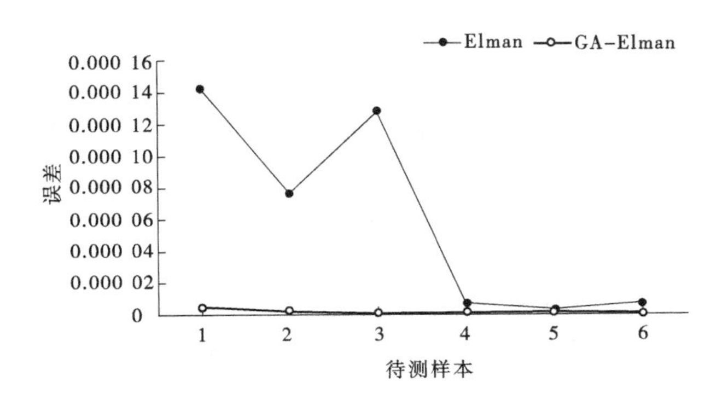

图 6-48 Elman 模型与 GA - Elman 模型误差折线对比图

型输出精度更高、泛化性更强。

另外，前 3 组两种模型的折线距离相差较大，后 3 组折线距离则相差较小，究其原因，可以给出这样的推断：Elman 神经网络在训练过程中易陷入局部最优，虽然收敛误差精度（相比于 BP 神经网络）有所提高，但是网络输出的泛化性相比于 GA - Elman 神经网络仍较弱，在个别样本输出精度上出现一定的、较大的误差浮动。

此外，结合表 6-27 的数据可以看出，待测样本的前 3 组样本均来自于 4 ~ 6 煤层顶板水水源，Elman 神经网络模型在判别这 3 组样本输出的结果均要低于后 3 组，即使经 GA 优化的 Elman 神经网络模型在前 3 组的判别输出中呈现：第 1、2 组样本的判别输出平方和误差均大于第 4、5、6 组的判别输出平方和误差，虽然第 3 组样本的判别输出平方和误差较第 1、2、6 组样本的的判别输出平方和误差要小，但是仍然大于第 4、5 组样本（均来自于奥灰水水源）的判别输出平方和误差。

除此之外，对于第 1、2、3 组样本的判别输出平均平方和误差为 1.98×10^{-7}，第 4、5 组样本的判别输出平均平方和误差为 1.00×10^{-9}，6 煤层底至奥灰砂岩水水源的样本仅有第 6 组，其判别输出的平均平方和误差暂且认为是 4.78×10^{-9}，则可以得知，GA - Elman 神经网络判别模型对奥灰水突水水源判别最为精确，对于 6 煤层底至奥灰砂岩水突水水源判别精度次之，对于 4 ~ 6 煤层顶板水突水水源判别精度最差；同时发现表 6-27 的数据中，4 ~ 6 煤层顶板水水源的样本为 6 组，奥灰水水源的样本为 7 组，6 煤层底至奥灰砂岩水水源的样本为 7 组，4 ~ 6 煤层顶板水水源的样本数量小于后两者，由此可推知：

（1）样本的数量与突水水源的准确判别有一定的关系，也就是说，样本的多少对于模型的训练以及应用的适用性有一定的影响，为发挥神经网络特有的学习和模拟能力优势，建立更好的突水水源非线性映射关系，应尽量丰富样本的数量。

（2）在收集工程实例资料时，应收集一手原始资料并注意水化数据采集过程中操作的准确度，从而确保样本水化数据具有代表性和准确性。

6.4 本章小结

电阻率法以岩矿石的电阻率为基础，岩矿石电阻率是表征岩矿石导电性好坏的物理参数。高密度电阻率法资料处理中可采用将三电位电极系测量的结果换算成比值参数的方法，然后根据比值参数来绘制断面等值线图，还可以根据需要对数据进行滤波、插值、深度校正、突变点的剔除、地形校正、光滑平均等处理，很重要的一步，就是从实测的视电阻率出发，反演迭代出地下介质的真电阻率。在反演迭代出的地下介质电阻率的基础上，绘制出每条测线的电阻率断面图，该图件是用于资料解释的主要图件。按照包括水文地质条件探查、水害评价及水害治理的思路进行矿井水害防治，并在 121101 工作面回采前，制定好安全防范措施。使用高密度电阻率法探测技术，查清该工作面底板岩层含水情况，找出富水区域，确定底板岩层的水文地质条件。使用采场底板突水判测系统对底板突水进行预测，并得出预测结果。结合水文地质条件探查和水害评价，给出底板突水的防治措施和建议，121101 工作面采用疏干降压，对具有危险区的富水区叠加地带提前进行钻探放水，以确保工作面的安全回采。与此同时，考虑到准确地判别突水来源是防治突水工作的重要基础，可以为煤矿采取合理、有效的防治措施提供决策上的依据，并进行了矿井突水水源非线性判别方法研究，提出了多种有效判别模型和一个实用新型专利设计，这可以为防治突水同行提供一定的借鉴。

7　主要结论和不足之处

7.1　主要结论

本书分析了底板突水影响因素，确定了底板突水类型划分方案，对底板突水预测方法进行了归纳和分类，将 D－S 证据理论应用到底板突水决策中，以上述为基础编写采场底板突水判测系统软件，并将其进行水害防治工程应用，得出以下主要结论：

（1）煤层底板突水是一种复杂的地质及采动影响现象。其中底板含水层水压力、底板岩性及组合特征、地质构造、矿山压力、底板含水层岩溶裂隙及富水性、工作面开采空间及开采方法是煤层底板突水的六大影响因素，通过对以上主要影响因素进行分析，在预防和控制煤层底板突水时就可以找到问题的主要矛盾与矛盾的主要方面，为实现煤矿安全开采起到了重要作用；这六大因素是底板突水的主要预测与防治对象，也是预防与制定措施的主要依据。

（2）底板突水是六大因素综合作用的结果，因此底板突水机制具有多样性：在不同的地质及水文地质条件下，采动破坏和水压破坏表现出不同的空间组合特征。这里将突水机制分为完整底板突水机制和断裂构造底板突水机制两大类，是研究底板突水及预测的理论依据。

（3）底板突水类型的多样性反映了地质及水文地质条件的变化对底板突水诸多方面的影响。底板突水类型划分有利于突水资料的统计和突水规律的总结，为底板突水的预测预报研究提供最基本的出发点，同时也有利于现场工作人员采取具有针对性的水害防治措施。这里选用的是根据矿山压力在采场及巷道的分布特点，划分方案如下：

煤层底板突水
- 掘进沟通（断层、陷落柱）型突水
  - 掘进沟通断层型突水
  - 掘进沟通陷落柱型突水
- 回采影响断层型突水
- 回采底板破坏型突水
  - 裂隙通道型突水
  - 陷落柱通道型突水

突水类型的划分是研究突水预测预报及防治的首要任务。

（4）底板突水预测的两个主要任务：一是预测煤矿是否突水及其概率；二是预测突水涌水量。由于煤层底板突水的多因素性，采用一种方法较准确地预测煤层底板突水是较难做到的，这里就底板突水预测公式进行分类归纳，公式分为：

①回采底板破坏型突水预测。a. 经验公式：突水系数法、阻水系数法。b. 理论公式：基于弹性理论的底板突水极限压力法、基于塑性理论的底板突水极限压力法。

②回采影响断层型突水预测。分别给出了两大类型下的突水涌水量预测公式。采场底板突水的预测是承压水上安全开采的关键，也是人们一直进行研究的热点。

（5）D－S 证据理论作为一种决策融合推理手段，广泛地应用于人工智能领域。这里将其应用于底板突水决策中，在采场底板突水预测的基础上，建立了基于 D－S 证据理论的、由 Θ ＝ ｛突水，临界，不突水，不确定｝ 构成的突水识别框架；由专家打分法给出的基

本概率赋值函数 $E_i = \{E_1, E_2, E_3, E_4, E_5\} = \{E_{p1}, E_{p2}, E_{p3}, E_{p4}, E_{p5}\}$ 为证据体的融合决策模型,其中证据体采用征集专家评分方法给出,而后由融合决策模型按融合规则进行融合。经过多次融合后,突水预测的可信度提高、不确定性逐渐减低,从而为底板突水决策提供了更为有力的技术支持。

(6)基于采场底板突水预测分为回采底板破坏型突水预测和回采影响断层型突水预测两大类,将 D-S 证据理论作为二级决策,应用在底板突水决策中,使采场底板突水预测具有更高的可信度。将底板突水领域专家经验和理论成果等与计算机人工智能技术相结合,进行系统的构思和设计,从而开发了采场底板突水判测系统。使这种突水预测方法的应用简单易行,具有更高的准确性,是突水预测研究的一次有益的尝试,起到了一定的推广作用。

(7)刘庄矿 121101 工作面采深大、底板薄,受承压水(砂岩含水层)的威胁,因此需要进行水害的防治,以确保工作面的安全回采。使用高密度电阻率法对底板进行水文地质条件探查,找出工作面可能突水的含水体异常区(富水区)共 12 处。使用采场底板突水判测系统并结合工作面的地质和水文地质条件,进行工作面底板突水判测,给出水害评价——回采底板破坏型突水预测:西、东均有突水危险和最大突水量 129 m^3/h、正常突水水量 56 m^3/h。结合物探结果和系统判测结果,给出该工作面实现安全开采的防治水方案:采用疏干降压的措施,对富水区进行回采前提前探放水,将水压降到安全范围,有效地减少底板突水对回采的影响。

(8)准确判别突水来源是防治水害的关键。由于地下水各含水层岩性组分各不相同,通过研究水化学特征判别突水水源具有快速、有效的特点。近年来,根据特征组分判断矿井突水来源得到了广泛的应用,而智能算法正备受广大研究者的青睐。以所收集到的水化学资料,采取具有较强非线性映射功能的 BP 神经网络,建立了 BP 神经网络模型、GA-BP 神经网络模型以及 MPSO-BP 神经网络模型,同时为校验其性能对训练过程和输出进行了仿真与应用,对判别模型应用范围的推广具有一定的借鉴和实际意义。与此同时,作者基于以上模型设计了一种矿井突水水源识别系统,也可以丰富煤矿防治水理论与实践。

7.2 不足之处

采场底板突水预测专家系统是依据突水预测预报领域的专门知识,模拟领域专家解决问题的思路进行工作的。本书虽然开发了采场底板突水判测系统,但还存在以下问题有待于进一步的研究:

(1)对回采影响断层型突水预测仅有一个理论公式,这里减少了预测手段,也增加了预测的不准确性。下一步应该添加一种经验公式,即理论公式与经验公式结合的双行预测,从而到达更准确的目的。

(2)本系统需输入 5 位专家的综合评判,但 5 位专家的打分并不一定是足够的、最合适的,因而不一定能满足当事人对结果所要求的高可信度。下一步应该修改为根据当事人的意愿来确定专家人数的 D-S 决策系统。

(3)本系统不具备知识库,不能存储典型案例、专家经验以及防治突水专业知识和有关规程,因而不能进行咨询功能,这项功能也是专家系统必须具备的。下一步会添加数据库,存储相关咨询信息。

参考文献

[1] 祝翠,钱家忠,周小平,等. BP 神经网络在潘三煤矿突水水源判别中的应用[J]. 安徽建筑大学学报,2010,18(5):35-38.

[2] 朱国维,丁雯,武彩霞. 华北煤田底板矿井水分布及突水机理浅析[J]. 中国煤炭,2008,34(2):9-11.

[3] 朱德兵. 工程地球物理方法技术研究现状综述[J]. 地球物理学进展,2002,17(1): 163-170.

[4] 周子闵,周坚华. FCM 聚类的软划分:以遥感图像城镇下垫面聚类为例[J]. 华东师范大学学报(自然科学版),2016(4): 150-157.

[5] 周瑞光,成彬芳,叶贵钧,等. 断层破碎带突水的时效特性研究[J]. 工程地质学报,2000,8(4): 411-415.

[6] 周健,史秀志,王怀勇. 矿井突水水源判别的距离判别分析模型[J]. 煤炭学报,2010(2):278-282.

[7] 赵光辉. 高密度电法勘探技术及其应用[J]. 矿产与地质,2006,20(2):166-168.

[8] 张许良,张子戌,彭苏萍. 数量化理论在矿井突(涌)水水源判别中的应用[J]. 中国矿业大学学报,2003,32(3):251-254.

[9] 张新国. 采场覆岩破坏规律预测及咨询系统研究[D]. 青岛: 山东科技大学,2006.

[10] 张文泉. 矿井底板突水灾害的动态机理及综合判测和预报软件开发研究[D]. 青岛: 山东科技大学,2004.

[11] 张文泉,李白英,李加祥,等. 岩层阻水性能与其结构成分、组合形式的关系[J]. 煤田地质与勘探,1992(4): 45-48.

[12] 张秋余,朱学明. 基于 GA-Elman 神经网络的交通流短时预测方法[J]. 兰州理工大学学报,2013,39(3):94-98.

[13] 张金才,张玉卓,刘天泉. 岩体渗流与煤层底板突水[M]. 北京: 地质出版社,1997.

[14] 张剑英. 采用不同方法预计矿井涌水量对比[J]. 西安地质学院学报,1994(1):77-82.

[15] 张海鹏. 浅析煤矿中的水灾害防治[J]. 中国安全生产科学技术,2008,4(5):100-103.

[16] 于永兵. 基于改进 ESN 的混沌时间序列预测方法的研究[D]. 鞍山: 辽宁科技大学,2012.

[17] 杨永国,尚克勤. 鹤壁矿务局矿井突水等级模糊综合评判及预测[J]. 中国矿业大学学报,1998(2): 204-208.

[18] 杨永国,黄福臣. 非线性方法在矿井突水水源判别中的应用研究[J]. 中国矿业大学学报,2007,36(3):283-286.

[19] 杨飞. 基于回声状态网络的交通流预测模型及其相关研究[D]. 北京:北京邮电大学,2012.

[20] 杨从文,孔德山,马成友. 刘庄煤矿 11-2 煤层顶底板砂岩水特征与防治技术[J]. 安徽建筑大学学报,2009,17(5):57-60.

[21] 阳富强,刘广宁,郭乐乐. 矿井突水水源辨识的改进 SVM 和 GA-BP 神经网络模型[J]. 有色金属(矿山部分),2015,67(1):87-91.

[22] 闫建飞. 高密度电阻率法应用技术研究[D]. 长春:吉林大学,2009.

[23] 许学汉. 煤矿突水预报研究[M]. 北京: 地质出版社,1991.

[24] 徐忠杰,杨永国,汤琳. 神经网络在矿井水源判别中的应用[J]. 煤矿安全,2007,38(2):4-6.

[25] 徐星. 采场底板突水判测系统及水害防治应用研究[D]. 青岛:山东东科技大学,2010.
[26] 徐星,郭兵兵,王公忠. 人工神经网络在矿井多水源识别中的应用[J]. 中国安全生产科学技术,2016,12(1):181-185.
[27] 徐星,郭兵兵,田坤云,等. 基于组合赋权的煤矿水害危险性模糊综合评价[J]. 灾害学,2018,33(2):14-18,37.
[28] 徐星,吴金刚,张惠聚,等. 赵家寨二$_1$煤底板突水影响因素分析与防治建议[J]. 煤矿安全,2011(9):151-153.
[29] 徐星,王公忠. BP神经网络在矿井突水水源识别中的应用[J]. 煤炭技术,2016,35(7):144-146.
[30] 徐星,田坤云,郑吉玉. 基于遗传BP神经网络模型的矿井突水水源判别[J]. 工业安全与环保,2017,43(11):21-24.
[31] 徐星,田坤云,王公忠,等. Elman神经网络在矿井突水水源判别中的应用[J]. 安全与环境学报,2017,17(4):1257-1261.
[32] 徐星,李垣志,张文勇,等. MPSO-BP模型在矿井突水水源判别中的应用[J]. 自然灾害学报,2017,26(5):140-148.
[33] 徐星,李风琴,王玉和,等. 矿井工作面底板水害防治[J]. 煤矿安全,2011,42(7):58-61.
[34] 徐星,郭兵兵,王公忠. 人工神经网络在矿井多水源识别中的应用[J]. 中国安全生产科学技术,2016,12(1):181-185.
[35] 肖孟强,王宗江. 软件工程——原理、方法与应用[M]. 2版. 北京:中国水利水电出版社,2008.
[36] 向阳,史习智. 证据理论合成规则的一点修正[J]. 上海交通大学学报,1999,33(3):357-360.
[37] 武强. 我国矿井水防控与资源化利用的研究进展、问题和展望[J]. 煤炭学报,2014,39(5):795-805.
[38] 武强,周英杰,刘金韬,等. 煤层底板断层滞后型突水时效机理的力学试验研究[J]. 煤炭学报,2003,28(6):561-565.
[39] 吴佳东. 基于回声状态网络的网络流量预测研究[D]. 兰州:兰州大学,2016.
[40] 温廷新,张波,邵良杉. 矿井突水水源识别的QGA-LSSVM模型[J]. 中国安全科学学报,2014,24(7):111-116.
[41] 魏久传,肖乐乐,牛超,等. 2001—2013年中国矿井水害事故相关性因素特征分析[J]. 中国科技论文,2015,10(3):336-341.
[42] 王作宇,刘鸿泉. 承压水上采煤[M]. 北京:煤炭工业出版社,1993.
[43] 王玉清. 综合物探在高层建筑选址工作中的应用[J]. 河南地质,2001(3):208-211.
[44] 王延福,庞西岐,靳德武,等. 岩溶矿井煤层底板突水的非线性动力学模型[J]. 中国岩溶,2000,19(1):81-89.
[45] 王延福,靳德武. 岩溶煤矿矿井煤层底板突水非线性预测方法研究[J]. 中国岩溶,1998(1):57-66.
[46] 王文州. 物探技术在高速公路岩溶地区地质勘探中的应用[J]. 中外公路,2001(4):56-58.
[47] 王齐仁. 地下地质灾害地球物理探测研究进展[J]. 地球物理学进展,2004,19(3):497- 503.
[48] 王立平. 煤层底板突水机理及评价[J]. 河南理工大学学报(自然科学版),2008,27(5):514-519.
[49] 王经明,吕玲. 采矿对断层扰动及水文地质效应[J]. 煤炭学报,1997(4):361-365.
[50] 汪嘉杨,李祚泳,张雪乔,等. 基于粒子群径向基神经网络的矿井突水水源判别[J]. 安全与环境工程,2013,20(5):118-121.
[51] 孙苏南,曹中初. 用地理信息系统预测煤矿底板突水——以峰峰二矿小青煤采区为例[J]. 煤田地质与勘探,1996(6):40-43.

[52] 施龙青. 底板突水机理研究综述[J]. 山东科技大学学报(自然科学版),2009,28(3):17-23.
[53] 施龙青,翟培合,魏久传,等. 三维高密度电法技术在岩层富水性探测中的应用[J]. 山东科技大学学报(自然科学版),2008,27(6):1-4.
[54] 施龙青,韩进. 底板突水机理及预测预报[M]. 徐州:中国矿业大学出版社,2004.
[55] 施龙青,韩进,宋扬. 用突水概率指数法预测采场底板突水[J]. 中国矿业大学学报,1999,28(5):442-444.
[56] 申宝宏,雷毅,郭玉辉. 中国煤炭科学技术新进展[J]. 煤炭学报,2011,36(11):1779-1783.
[57] 邵爱军,刘唐生,邵大升,等. 煤矿地下水与底板突水[M]. 北京:地震出版社,2001.
[58] 秦洁璇,李翠平,李仲学,等. 基于支持向量回归机的矿井突水量预测[J]. 中国安全科学学报,2013,23(5):114-119.
[59] 秦波,吴庆朝,张娟娟,等. 基于PSO优化SVM的转炉炼钢用氧量预测研究[J]. 测控技术,2014,33(12):121-124.
[60] 乔俊飞,李瑞祥,柴伟,等. 基于PSO-ESN神经网络的污水BOD预测[J]. 控制工程,2016,23(4):463-467.
[61] 钱鸣高,缪协兴,许家林. 岩层控制中的关键层理论研究[J]. 煤炭学报,1996(3):225- 230.
[62] 钱家忠,吕纯,赵卫东,等. Elman与BP神经网络在矿井水源判别中的应用[J]. 系统工程理论与实践,2010,20(1):145-150.
[63] 彭苏萍,王金安. 承压水体上安全采煤——对拉工作面开采底板破坏机理与突水预测防治方法[M]. 北京:煤炭工业出版社,2001.
[64] 彭苏萍,孟召平. 矿井工程地质理论与实践[M]. 北京:地质出版社,2002.
[65] 潘树仁. 煤矿水害防治专家系统[D]. 徐州:中国矿业大学,1999.
[66] 欧明,甄卫民,於晓,等. 一种基于截断奇异值分解正则化的电离层层析成像算法[J]. 电波科学学报,2014,29(2):345-352.
[67] 聂凤琴,许光泉,关维娟,等. 马氏距离判别模型在矿井突水水源判别中应用[J]. 地下水,2013,35(6):41-42.
[68] 毛健,赵红东,姚婧婧. 人工神经网络的发展及应用[J]. 电子设计工程,2011,19(24):62-65.
[69] 罗志增,蒋静坪. 机器人感觉与多信息融合[M]. 北京:机械工业出版社,2002.
[70] 罗轶. 基于ESN和Elman神经网络的交通流预测对比研究[J]. 湖南工业大学学报,2013(6):67-72.
[71] 罗延钟,万乐,董浩斌,等. 高密度电阻率法的2.5维反演[J]. 地质与勘探,2003,39(S1):107-113.
[72] 刘宗才. 煤层底板破坏深度的综合测试方法[J]. 山东科技大学学报(自然科学版),1986(4):4-10.
[73] 刘永贵. 山东省煤矿水害特征及防治技术途径研究[D]. 青岛:山东科技大学,2007.
[74] 刘晓东. 高密度电法在宜春市岩溶地质调查中的应用[J]. 中国地质灾害与防治学报,2002,13(1):72-75.
[75] 刘晓东. 高密度电法在工程物探中的应用[J]. 工程勘察,2001(4):64-66.
[76] 刘伟韬. 底板突水预测专家系统研究[J]. 山东科技大学学报,1994(4):333-338.
[77] 刘伟韬,张文泉,李加祥. 用层次分析－模糊评判进行底板突水安全性评价[J]. 煤炭学报,2000,25(3):278-282.
[78] 刘猛. 基于BP神经网络的矿井水源判别模型[J]. 矿业工程研究,2015(4):17-20.
[79] 刘蕾. 高密度电阻率法反演成像及其应用[D]. 成都:成都理工大学,2003.
[80] 刘康和,庞学懋. 黄河大柳树坝址区物探方法及其效果浅析[J]. 人民黄河,1994(1):30-32.

[81] 刘国兴. 电法勘探原理与方法[M]. 北京：地质出版社,2005.
[82] 刘安静,叶伊应,周廷华. 新集二矿 11-2 煤层顶板砂岩水的预测与防治[J]. 建井技术,2006,27(1):8-9.
[83] 李垣志,牛国庆,刘慧玲. 改进的 GA-BP 神经网络在矿井突水水源判别中的应用[J]. 中国安全生产科学技术,2016,12(7):77-81.
[84] 李银真. 高密度电阻率法物探技术及其应用研究[D]. 沈阳：辽宁工程技术大学,2007.
[85] 李胜,韩水亮,杨宏伟,等. 露天矿边坡变形的 LMD-Elman 时序滚动预测研究[J]. 中国安全科学学报,2015,25(6):22-28.
[86] 李庆广,王延福. 华北类型岩溶煤矿床矿坑突水水量预测研究[J]. 水文地质与工程地质,1985(1): 5-8,11.
[87] 李庆广,王延福. 华北类型岩溶煤矿床矿坑突水水量预测方法研究[J]. 煤炭科学技术,1987(3): 24-26.
[88] 李娜娜,施龙青,刘美娟. 新骄煤矿下组煤矿井涌水量预测研究[J]. 中国煤炭地质,2010,22(2): 24-27.
[89] 李明山,禹云雷,于师建. 高密度电阻率法在矿井找水中的应用效果[J]. 勘察科学技术,2000(3): 62-64.
[90] 李抗抗,王成绪. 用于煤层底板突水机理研究的岩体原位测试技术[J]. 煤田地质与勘探,1997(3): 31-34.
[91] 李金铭. 电法勘探方法发展概况[J]. 物探与化探,1996,20(4):250-258.
[92] 李金铭. 地电场与电法勘探[M]. 北京：地质出版社,2005.
[93] 李富平. 煤矿回采工作面突水预测的方法探讨[J]. 河北煤炭,1997(2): 8-10.
[94] 李白英. 预防矿井底板突水的"下三带"理论及其发展与应用[J]. 山东科技大学学报(自然科学版),1999(4):11-18.
[95] 黎良杰,钱鸣高,殷有泉. 采场底板突水相似材料模拟研究[J]. 煤田地质与勘探,1997(1):33-36.
[96] 雷世红. 高密度电法室内模型与工程应用研究[D]. 南京：河海大学,2005.
[97] 可华明,陈朝镇,张新合,等. 遗传算法优化的 BP 神经网络遥感图像分类研究[J]. 西南大学学报(自然科学版),2010,32(7):128-132.
[98] 焦李成,杨淑媛,刘芳,等. 神经网络七十年:回顾与展望[J]. 计算机学报,2016,39(8):1697-1716.
[99] 姜福兴,叶根喜,王存文,等. 高精度微震监测技术在煤矿突水监测中的应用[J]. 岩石力学与工程学报,2008,27(9):1932-1938.
[100] 黄玉春,田建平,杨海栗,等. 基于遗传算法优化 Elman 神经网络的机床热误差建模[J]. 组合机床与自动化加工技术,2015(4):74-77.
[101] 黄树卫,程晋. 矿井突水研究进展[J]. 科协论坛,2009(9):122-124.
[102] 黄俊革,王家林,阮百尧. 三维高密度电阻率 E-2SCAN 法有限元模拟异常特征研究[J]. 地球物理学报,2006,49(4):1206-1214.
[103] 黄俊革,阮百尧,鲍光淑. 有限单元法三维电阻率最小二乘反演中存在问题的研究[J]. 地质与勘探,2004,40(4):70-75.
[104] 花育才,项首龙,夏双力,等. 电法勘探在煤矿防治水中的应用[J]. 中国煤炭地质,2006,18(4): 66-68.
[105] 虎维岳,王广才. 煤矿水害防治技术的现状及发展趋势[J]. 煤田地质与勘探,1997(a00) :17-23.

[106] 胡海峰,伦淑娴. 基于 Leaky-ESN 的光伏发电输出功率预测[J]. 电子设计工程,2016,24(17):15-17.

[107] 胡彬. 基于模型函数方法的正则化参数选取[D]. 抚州:东华理工大学,2012.

[108] 侯烈忠,秋兴国,罗奕. 高密度电法在地基勘探中的效果[J]. 煤田地质与勘探,1997(4):58-60.

[109] 韩丽,戴广剑,李宁,等. 基于 GA-Elman 神经网络的电池劣化程度预测研究[J]. 电源技术,2013,37(2):249-250.

[110] 国家煤炭工业局. 建筑物、水体、铁路及主要井巷煤柱留设与压煤开采规程[M]. 北京:煤炭工业出版社,2000.

[111] 郭惟嘉,刘杨贤. 底板突水系数概念及其应用[J]. 河北煤炭,1989(2):56-60.

[112] 郭铁柱. 高密度电法在崇青水库坝基渗漏勘查中的应用[J]. 北京水利,2001(2):39-40.

[113] 管恩太,武强,黄焕军,等. 煤矿底板突水的多源地学信息复合模型研究——以焦作演马庄矿为例[J]. 工程勘察,2001(4):18-20.

[114] 葛亮涛,叶贵钧,高洪列. 中国煤田水文地质学[M]. 北京:煤炭工业出版社,2001.

[115] 高宇平,阎志义,刘英威. 高密度电法技术探测煤矿采空区[J]. 矿业安全与环保,2008,35(3):61-62.

[116] 高延法,章延平,张慧敏,等. 底板突水危险性评价专家系统及应用研究[J]. 岩石力学与工程学报,2009,28(2):235-238.

[117] 高延法,李白英. 受奥灰承压水威胁煤层采场底板变形破坏规律研究[J]. 煤炭学报,1992(2):32-39.

[118] 傅贵,杨春,殷文韬. 煤矿水灾事故动作原因研究[J]. 中国安全科学学报,2014,24(5):56-61.

[119] 冯稚君,张纪勇,王文林. 采煤工作面突水预测专家系统研制[J]. 测绘通报,1996(1):35-38.

[120] 范千,方绪华,范娟. 病态问题解算的直接正则化方法比较[J]. 贵州大学学报(自然科学版),2011,28(4):29-32.

[121] 杜敏铭,邓英尔,许模. 矿井涌水量预测方法综述[J]. 成都:四川地质学报,2009,29(1):70-73.

[122] 董浩斌,王传雷. 高密度电法的发展与应用[J]. 地学前缘,2003,10(1):171-176.

[123] 丁严明. 朱庄煤矿 6 煤底板突水原因分析及综合防治[J]. 煤炭技术,2004,23(10):59-60.

[124] 邓超文,周孝宇. 高密度电法的原理及工程应用[J]. 西部探矿工程,2006,18(1):278-279.

[125] 党小超,郝占军. 基于改进 Elman 神经网络的网络流量预测[J]. 计算机应用,2010,30(10):2648-2652.

[126] 代长青. 承压水体上开采底板突水规律的研究[D]. 淮南:安徽理工大学,2005.

[127] 代长青,何廷峻. 承压水体上开采底板断层突水规律的研究[J]. 安徽理工大学学报,2003(4):6-8.

[128] 程久龙,于师建. 岩体测试与探测[M]. 北京:地震出版社,2000.

[129] 程久龙,于师建,程洪良,等. 回采工作面水害的高密度电阻率成像法探测研究[J]. 煤炭科学技术,1999,27(10):37-40.

[130] 陈世鸿,彭容. 面向对象软件工程[M]. 北京:电子工业出版社,1999.

[131] 陈秦生,蔡元龙. 用模式识别方法预测煤矿突水[J]. 煤炭学报,1990(4):63-68.

[132] 陈磊,霍永亮. 利用改进的遗传算法求解非线性方程组[J]. 西南师范大学学报(自然科学版),2015(1):23-27.

[133] 陈红江,李夕兵,刘爱华,等. 用 Fisher 判别法确定矿井突水水源[J]. 中南大学学报(自然科学版),2009,40(4):1114-1120.

[134] 陈红江,李夕兵,刘爱华,等. 矿井突水水源判别的多组逐步 Bayes 判别方法研究[J]. 岩土力学,

2009,30(12):3655-3659.

[135] 蔡鑫,南新元,孔军. 改进 Elman 神经网络在氧化还原电位预测中的应用[J]. 安徽大学学报(自然科学版),2014,38(2):27-32.

[136] 卜昌森. 煤矿水害探查、防治实用技术应用与展望[J]. 中国煤炭,2014,40(7):100-107.

[137] 白云来. 矿井底板承压水突水特征与防治措施研究现状[J]. 现代矿业,2008,24(8):10-13.

[138] 白晨光,黎良杰. 承压水底板关键层失稳的尖点突变模型[J]. 煤炭学报,1997(2): 149-154.

[139] 张献民. 应用高密度电法探测煤田陷落柱[J]. 物探与化探,1994(5):363-370.

[140] 柴毅,周海林,付东莉,等. 基于 ESN 和 PSO 的非线性模型预测控制[J]. 控制工程,2011,18(6): 864-867.

[141] Sun W,Zhou W,Jiao J. Hydrogeological classification and water inrush accidents in china's coal mines [J]. Mine Water and the Environment,2016,35(2): 214-220.

[142] Yager R R. On the Dempster-shafter framework and new combination rules [J]. Internationnal Forum on Information Technology and Applications,2009(3): 563-565.

[143] Wu Q,Liu Y,Luo L,et al. Quantitative evaluation and prediction of water inrush vulnerability from aquifers overlying coal seams in Donghuantuo coal mine,China[J]. Environmental Earth Sciences, 2015,74(2):1429-1437.

[144] Wang X, Ji H, Wang Q, et al. Divisions based on groundwater chemical characteristics and discrimination of water inrush sources in the Pingdingshan coalfield[J]. Environmental Earth Sciences, 2016,75(10):872.

[145] Thomson R,Esnouf R. Prediction of Natively Disordered Regions in Proteins Using a Bio-basis Function Neural Network[C]// Intelligent Data Engineering and Automated Learning - Ideal 2004,International Conference,Exeter,Uk,August 25-27,2004,Proceedings. DBLP,2004:108-116.

[146] Taylor D E,Turner J S. Class bench: a packet classification bench mark[J]. IEEE/ACM Transactions on Nehvorking,2007,15(3):499-511.

[147] Takeda F,Onami S,Kadono T,et al. A paper currency recognition method by a small size neural network with optimized masks by GA[J]. World Congress on Computational Intelligence,1994(7): 4243-4246.

[148] Suran de Silva. Cisco 6500 FIB forwarding capacities[EB/OL]. http://www. nanog. org/mtg-0702/presentations /fib-desilva.

[149] Sui W,Liu J,Yang S,et al. Hydrogeological analysis and salvage of a deep coalmine after a groundwater inrush[J]. Environmental Earth Sciences,2011,62(4):735-749.

[150] Song Y,Chen Z,Yuan Z. New chaotic PSO-based neural network predictive control for nonlinear process [J]. IEEE Trans Neural Netw,2007,18(2):595-600.

[151] Shi Y H,Eberhart R C. Empirical study of particle swarm optimization[J]. Journal of System Simulation ,1999,3(1):31-37.

[152] Shi S,Xie X,Bu L,et al. Hazard-based evaluation model of water inrush disaster sources in karst tunnels and its engineering application[J]. Environmental Earth Sciences,2018,77(4):141.

[153] Shenoy P P,Shafer G. Propagating belief functions with local compuations[J]. IEEE Expert ,1986,1 (3):43-52.

[154] Shafer G. A mathematical theory of evidence[J]. Technometrics,1976,20(1):106.

[155] Sasaki Y. Resolution of resistivity tomography inferred from numerical simulation[J]. Geophysical Prospecting,2010,40(4):453-463.

[156] Qian J, Wang L, Ma L, et al. Multivariate statistical analysis of water chemistry in evaluating groundwater geochemical evolution and aquifer connectivity near a large coal mine, Anhui, China[J]. Environmental Earth Sciences,2016,75(9):747.

[157] Pan W T. A new fruit fly optimization algorithm: taking the financial distress model as an example[J]. Knowledge-Based Systems,2012:26(2):69-74.

[158] Oda M. An equivalent continuum model for coupled stress and fluid flow analysis in jointed rock Masses [J]. Water Resources Research,1986,22(13):1845-1856.

[159] Moon U C, Lim J, Lee K Y. A comparison study of MIMO water wall model with linear, MFNN and ESN models[J]. Journal of Electrical Engineering & Technology,2016,2(265):265-273.

[160] Mikolov T, Karafiát M, Burget L, et al. Recurrent neural network based language model [C]// Interspeech 2010, Conference of the International Speech Communication Association, Makuhari, China, Japan, September. DBLP,2010:1045-1048.

[161] Matsuoka A, Babin M, Devred E C. A new algorithm for discriminating water sources from space: A case study for the southern Beaufort Sea using MODIS ocean color and SMOS salinity data[J]. Remote Sensing of Environment,2016(184):124-138.

[162] Ma D, Rezania M, Yu H S, et al. Variations of hydraulic properties of granular sandstones during water inrush: effect of small particle migration[J]. Engineering Geology,2016(217):61-70.

[163] Liu J, Chen W, Yang D, et al. Nonlinear seepage-erosion coupled water inrush model for completely weathered granite[J]. Marine Georesources & Geotechnology,2017(3):1-10.

[164] Li L P, Li S C, Xu Z H, et al. Mechanism and key controlling technology of water inrush in tunnel construction[J]. Journal of Dairy Research,2011,53(1):97-115.

[165] Li H, Bai H, Wu J, et al. A method for prevent water inrush from karst collapse column: a case study from Sima mine, China[J]. Environmental Earth Sciences,2017,76(14):493.

[166] Gerney K. An introduction to neural networks[J]. Ucl Press,1997,8(4):383.

[167] Koprinkova-Hristova P, Palm G. Adaptive critic design with ESN critic for bioprocess optimization[J]. Lecture Notes in Computer Science,2010(6353):438-447.

[168] Kim B, Kim S. Ga-optimized backpropagation neural network with multi-parameterized gradients and applications to predicting plasma etch data[J]. Chemometrics & Intelligent Laboratory Systems,2005, 79(1):123-128.

[169] Kennedy J, Eberhart R. Particle swarm optimization[C]//Proc of IEEE International Conference on Neural Networks,1995:1942-1948.

[170] Hsu, Kuo-lin, Gupta H V, et al. Artificial neural network modeling of the rainfall-runoff process[J]. Water Resources Research,2010,31(31):2517-2530.

[171] Holland J H. Adaptation in natural and artificial systems: an introductory analysis with applications to biology, control, and artificial intelligence[M]. 2nd ed. Cambridge: MIT Press,1992.

[172] Hecht Nielsen. Theory of the backpropagation neural network[C]//Proc of IEEE International Joint Conference on Neural Networks,2002:445.

[173] Halpern J Y, Fagin R. Two views of belief: belief as generalized probability and belief as evidence [J]. Eighth National Conference on Artificial Intelligence,1990: 112-119.

[174] Grimaldi E A, Grimaccia F, Mussetta M, et al. PSO as an effective learning algorithm for neural network applications[C]// International Conference on Computational Electromagnetics and ITS Applications, 2004. Proceedings. Iccea. IEEE,2004:557-560.

[175] Gowrishankar P, Satyanarayana S. Neural network based traffic prediction for wireless data networks [J]. International Journal of Computational Intelligence Systems, 2008, 1(4): 379-389.

[176] Gharavian D, Sheikhan M, Nazerieh A, et al. Speech emotion recognition using FCBF feature selection method and GA-optimized fuzzy ARTMAP neural network[J]. Neural Computing & Applications, 2012, 21(8): 2115-2126.

[177] Galushkin A I. Neural networks theory[M]. Fairmont, USA: Springer, 2007.

[178] Farahnakian M, Razfar M R, Moghri M, et al. The selection of milling parameters by the PSO-based neural network modeling method[J]. International Journal of Advanced Manufacturing Technology, 2011, 57(1-4): 49-60.

[179] Faiz J, Lotfi-Fard S. A novel wavelet-based algorithm for discrimination of internal faults from magnetizing inrush currents in power transformers[J]. IEEE Transactions on Power Delivery, 2006, 21(4): 1989-1996.

[180] Elsworth D, Bai M. Flow-deformation response of dual-porosity media [J]. Journal of Geotechnical Engineering, 1992, 118(1): 107-124.

[181] Elalfi A E, Haque R, Elalami M E. Extracting rules from trained neural network using GA for managing E-business[J]. Applied Soft Computing Journal, 2004, 4(1): 65-77.

[182] Demuth H, Beale M. Neural network toolbox-for use with MATLAB[J]. Matlab Users Guide the Math Works, 1995, 21(15): 1225-1233.

[183] Chau K W. Application of a PSO-based neural network in analysis of outcomes of construction claims [J]. Automation in Construction, 2007, 16(5): 642-646.

[184] Boris P L, Jessica S C. A deterministic annular crossover genetic algorithm optimisation for the unit commitment problem[J]. Expert Systems with Applications, 2011, 38(6): 6523-6529.

[185] Amiri G G, Rad A A, Aghajari S, et al. Generation of near-field artificial ground motions compatible with median-predicted spectra using PSO-based neural network and wavelet analysis[J]. Computer-Aided Civil and Infrastructure Engineering, 2012, 27(9): 711-730.